Cuestiones científicas

Preguntas sencillas (cotidianas) con respuestas difíciles (científicas)

ROSA MARÍA HERRERA

LIBSA

© 2018, Editorial LIBSA
c/ San Rafael, 4
28108 Alcobendas. Madrid
Tel. (34) 91 657 25 80
Fax (34) 91 657 25 83
e-mail: libsa@libsa.es
www.libsa.es

ISBN: 978-84-662-3714-7

Textos: Rosa María Herrera y equipo editorial LIBSA
Edición: equipo editorial LIBSA
Diseño de cubierta: equipo de diseño LIBSA
Maquetación: equipo de maquetación LIBSA
Documentación y Fotografías: archivo LIBSA, Thinkstock y Shutterstock

Queda prohibida, salvo excepción prevista en la ley, cualquier forma de reproducción,
distribución, comunicación pública y transformación de esta obra
sin contar con la autorización de los titulares de la propiedad intelectual.
La infracción de los derechos mencionados puede ser constitutiva de delito
contra la propiedad intelectual (art. 270 y ss. del Código Penal).
El Centro Español de Derechos Reprográficos vela
por el respeto de los citados derechos.

DL: M 33394-2017

Créditos fotográficos: pag 23 Saverio blasi / Shutterstock.com; pag 24 ET1972 / Shutterstock.com; pag 39 NASA/JPL; pag 40 NASA/JPL-Caltech; pag 53 NASA/JPL-Caltech; pag 58 NASA/JPL-Caltech; pag 59 NASA/Ames/JPL-Caltech; pag 79 NASA/JPL-Caltech; pag 93 (imagen superior) Agnieszka Skalska / Shutterstock.com; pag 93 (imagen inferior) nexus 7 / Shutterstock.com; pag 98 NASA / JPL / ASU; pag 99 Copyright ESA/DLR/FU Berlin, CC BY-SA 3.0 IGO; pag 129 Copyright ESA/ATG Medialab; pag 131 Copyright ESA - C. Carreau; pag 134 NASA/JPL/Space Science Institute; pag 136 NASA/JPL-Caltech; pag 137 NASA/JPL-Caltech

Dedico este trabajo a Gabriel.
Y también a Bruno, Adrián, Simon y Tarek.

Con voluntad placentera, al modo de Jorge Guillén.

Contenido

Presentación 4

Introducción 7

Cuestiones científicas 14

¡Alimentos con-ciencia!, 16 • Bases de datos, 18 • ¡Calentamiento global!, 20 • ¡Ciencia a ras de suelo: agricultura!, 22 • Cinta de Möbius, 24 • ¡Ciudades inteligentes!, 26 • Combustibles fósiles, ¿sí o no?, 28 • Construcciones de coral, 30 • ¿En qué se parecen un violín y la Luna?, 32 • ¿Es tan misteriosa la criptografía?, 34 • Crónicas biológicas: ¡extremófilos!, 36 • ¿Cuándo adquirió Saturno sus anillos?, 38 • ¿Planeta enano o asteroide?, 40 • ¡Bienvenido, Cyborg?, 42 • ¿Cómo observar ciclones y tifones?, 44 • ¿Se extinguen los bosques?, 46 • ¿Dónde estás?, 48 • ¿Qué es la superconductividad?, 50 • ¿Para qué sirve la relatividad?, 52 • ¿Qué es un dron?, 54 • Sistemas complejos: ¿En todas partes?, 56 • ¿Hay vida en otros planetas?, 58 • ¿Se parecen un árbol y un cristal de hielo?, 60 • Biología e informática, 62 • ¿Energía solar para iluminar la noche?, 64 • ¿Qué es un espejismo?, 66 • ¿Se puede saber la edad de todo?, 68 • ¿Fantasmas en el Universo?, 70 • ¿Cuántas geometrías hay?, 72 • ¿Ecosistemas en peligro?, 74 • ¿Se puede imprimir un corazón?, 76 • ¿Dónde situar los cuerpos en el espacio?, 78 • ¿Gestionar la casa a distancia?, 80 • ¿Cómo son los insectos sociales?, 82 • ¿Un «banco» genético?, 84 • ¡El tiempo nunca vuelve!, 86 • ¿Entender la luz es entender a Einstein?, 88 • ¡Quinta generación tecnológica!, 90 • ¿Qué es LHC?, 92 • ¿Basura espacial?, 94 • ¿Cristales o líquidos?, 96 • ¿Marcianos en las profundidades?, 98 • ¿Podemos saber qué tiempo hará?, 100 • ¿Materiales inteligentes?, 102 • ¿Cómo funciona el microondas?, 104 • ¿Cómo hacer un modelo científico?, 106 • ¿Qué tenemos de primates?, 108 • ¿Cómo se relacionan la Tierra y la Luna?, 110 • ¿Qué es el ordenador cuántico?, 112 • ¿Qué es la biotecnología?, 114 • ¿Podemos pilotarlo todo?, 116 • Propulsión de vehículos espaciales, 118 • ¿Números que curan?, 120 • ¿Ciencia en las redes sociales?, 122 • ¿Es este el único universo posible?, 124 • ¿Respiro, luego me oxido?, 126 • ¿Cómo detectar el magnetismo?, 128 • ¿Un laboratorio en el ordenador?, 130 • ¿Meteorología o clima?, 132 • Titán e Hiperión, 134 • ¿Qué es Trappist?, 136 • ¿Qué es la teoría de juegos?, 138 • ¿Cómo fotografiar el espacio?, 140 • ¿Medicina e informática unidas?, 142

Términos usuales 144

Presentación

Marco Polo descrive un ponte, pietra per pietra.
—Ma qual è la pietra che sostiene il ponte? –chiede Kublai Khan.
—Il ponte non è sostenuto da questa o quella pietra, –risponde Marco–, ma dalla linea dell'arco che esse formano.
Kublai Khan rimane silenzioso, riflettendo. Poi soggiunge: Perchè mi parli delle pietre? È solo dell'arco che m'importa.
Polo risponde –senza pietra non c'è arco.

Las ciudades invisibles (Italo Calvino)

Marco Polo describe un puente piedra a piedra.
—Pero ¿cuál es la piedra que sostiene el puente? –pregunta Kublai Khan
—Al puente no le sostiene esta o aquella piedra, –responde Marco–, sino la línea del arco que forman.
Kublai Khan permanece silencioso reflexionando. Después añade: –¿Por qué me hablas de las piedras?
Solo me importa el arco.
Polo responde –sin piedras no hay arco.

Este volumen cuya temática es la ciencia en su sentido más amplio abarca una miscelánea de temas aparentemente dispersos conectados internamente por la idea de innovación en el pensamiento científico y en el procedimiento. De este modo, cada tema en forma de píldora invita por sí mismo a la lectura, sin condicionar su comprensión al anterior. Entre todos se ha construido un pequeño puente por el que el lector curioso puede transitar en busca de una introducción a algunos enunciados básicos de la ciencia de nuestros días. La mayoría de ellos son una invitación a temas de ciencia básica, pero también de tecnología e ingeniería. Las cuestiones no están clasificadas con un orden aparente, pero se tratan siempre los temas al mismo nivel; seguramente dependiendo de la experiencia, la pericia, el interés, la formación o cualquier otra circunstancia personal, el lector abordará unos temas con más fluidez que otros.

Los temas de ciencia básica abarcan ramas como la física, la biología, las matemáticas, el medioambiente, las ciencias del espacio en general, y alguno más. Tanto estos temas como los más técnicos o futuristas como la computación cuántica, son tratados desde la mirada interdisciplinar y social que busca una relación interactiva entre todos nosotros. En cuanto al *casting* de temas no ha sido fácil, a veces hemos recurrido a la memoria de la curiosidad e interés que se percibe en diversas situaciones, a modo de respuesta en diferido; en general se ha procedido con la idea de equilibrar lo interesante y lo importante y ha resultado difícil seleccionar y se han quedado fuera algunos asuntos que por derecho propio deberían contar con un lugar. Así es que podemos decir que son todos los que están, pero no están todos los que son.

La autora agradece las conversaciones con Ángela Morales, enriquecedoras siempre. El entusiasmo y la minuciosidad de su trabajo y el cuidadoso y paciente trabajo de todo su equipo fue imprescindible para configurar este libro. La inspiración del tema de etología llegó de la voz de Adrián Herrera. El resto es siempre gracias al lector.

Esta obra es un pequeño puente para que el lector curioso transite en su búsqueda a las respuestas que la ciencia ofrece sobre las cuestiones del día a día.

Física

Ciencia que estudia las propiedades de la materia y de la energía y establece las leyes que explican los fenómenos naturales, excluyendo los que modifican la estructura molecular de los cuerpos.

Matemáticas

Ciencia que estudia las propiedades y relaciones entre números, figuras geométricas y símbolos.

Biología

Ciencia que estudia la estructura de los seres vivos y de sus procesos vitales.

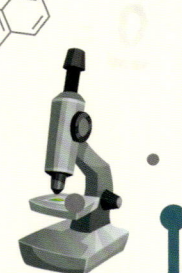

Geografía

Ciencia que estudia y describe la superficie de la Tierra en su aspecto físico, actual y natural, o como hogar de la humanidad.

Geofísica

Parte de la geología que estudia la estructura y composición de la Tierra y los agentes físicos que la modifican.

Astronomía

Ciencia que estudia la estructura y la composición de los astros, su localización y las leyes de sus movimientos.

Química

Ciencia que estudia la composición y las propiedades de la materia y las transformaciones que esta experimenta sin que se alteren sus elementos.

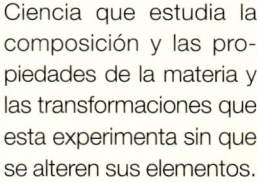

CONOCIMIENTO CIENTÍFICO

Introducción

La división clásica de las ciencias en cierto sentido resulta demasiado rígida y en ocasiones puede despistar. A veces es difícil ver dónde se acaba la química, y dónde empieza la física, en qué punto las ingenierías, la arquitectura o la medicina confluyen o se separan y mucho más en tiempos de la biotecnología, la robótica aplicada a la medicina, internet; los ambientes son multidisciplinares, están interconectados y confluyen los ámbitos de estudio y los intereses. Por mucho que nos empeñemos en situar todo en un cajón estanco (matemáticas, física, química, biología, etc.), la tozuda realidad impone lo útil y práctico que resulta la yuxtaposición de disciplinas científicas para obtener resultados globales.

A pesar de todo, indudablemente, la especialización es imprescindible, pues la condición humana es limitada; sin embargo, eso no significa que debamos renunciar a intentar poner en práctica una mirada integradora, procurando una comprensión global y completa. Y en la búsqueda ya está el primer paso hacia el logro. En la vida real el conocimiento y la visión clara se compone de muchos elementos y numerosas piezas y salta de un lado a otro, se requiere de un especialista de una materia, apoyado por otro especialista en alguna disciplina diferente, de un científico básico a un ingeniero o técnico, de la visión de un artista a la colaboración de un artesano hábil e ingenioso. Que las diferentes visiones de un problema nos conduzcan a una solución no es un proceso sencillo y siempre es lento. Sin embargo, el espíritu científico es consustancial a la naturaleza humana.

Tratar de ordenar y estructurar un conocimiento, investigar la realidad que nos rodea mediante la observación y la experimentación, es algo que pertenece a la curiosidad del ser humano desde que el mundo es mundo. Y a partir de ahí, de esa observación, se generan preguntas, respuestas o hipótesis y, con el tiempo, leyes y teorías con las que avanzar en ese conocimiento. Todos, de algún modo, somos por tanto científicos y este libro nos pertenece.

I. Astronomía, Astronáutica, Cosmología

Una pregunta sencilla mediante la cual quisiéramos poner de manifiesto que las preguntas científicas más veces que menos están al alcance de todas las personas. Vemos: ¿Por qué la noche es oscura? Un ejemplo casi sorprendente de puro cotidiano y aceptado sin más, pero se invirtieron muchos siglos en hallar respuestas explicativas satisfactorias. Todas las personas desde que nacen tienen de forma natural la experiencia de la noche y uno de sus principales significados, la oscuridad. No hay individuo, desde el más ignorante hasta el más ilustrado, en cualquier lugar de la Tierra, perteneciente a cualquier cultura y civilización del pasado y del presente, que tenga una experiencia que contradiga este hecho.

Pero en todas las épocas siempre ha habido algunas personas que se han preguntado por la razón de que esto suceda así, las mentes inquietas, los estudiosos y en último extremo, los astrónomos.

Durante lo que en el lenguaje cotidiano llamamos día, el Sol, la estrella madre de nuestro sistema planetario, inunda de luz la parte de la Tierra que ilumina. Sin embargo, por la porción no iluminada es posible observar un cielo oscuro poblado de estrellas en número incalculable para una mente humana. Desde los comienzos de los estudios astronómicos se fueron formando teorías y concepciones sobre el universo y los astros que servían para explicar los fenómenos que los seres humanos observan. Así nació la astronomía posicional. La astronomía posicional es solo uno de los comienzos de la historia científica, pero surgieron también otras necesidades que forzaron la inteligencia humana a contar y medir de la mejor manera posible y se fueron conformando las distintas disciplinas, como la aritmética, la geometría… Saberes que hoy han crecido hasta formar parte del gran corpus de las matemáticas.

La astronomía y las matemáticas son dos buenos ejemplos de cómo la naturaleza, que suele ser la principal respuesta a todos nuestros interrogantes e inquietudes, nos obliga a formularnos constantemente preguntas de todo tipo. Las pequeñas (o grandes) cuestiones generan contestaciones que a su vez nos condicionan a formularnos nuevas preguntas, así es como se construye el pensamiento y los logros científicos y artísticos de la humanidad; es decir, la historia de nuestra especie sobre este planeta. La super-especialización, que es de todas maneras imprescindible para poder avanzar en el conocimiento, surge de la pura necesidad, debido a la capacidad limitada de un solo individuo frente a los grandes retos. Cada sujeto al nacer tiene que

aprender todo prácticamente desde cero, si bien algunas capacidades son innatas en el ser humano, en parte porque se han ido incorporando genéticamente, pero muchas otras hay que adquirirlas.

La astronomía como madre científica y las disciplinas emergentes, se han ido desarrollando en el curso de los siglos aunando el trabajo de muchos científicos, y paulatinamente se van construyendo las diferentes ramas: desde la cosmología, pasando por la mecánica celeste, la astrodinámica, la astrofísica, la geología planetaria, la astronáutica y la dinámica orbital y otras tan relevantes como estas que no vamos a enumerar.

Todos estos saberes a su vez están perfectamente imbricados en nuestro acervo cultural general y principalmente en el científico. Mejoran mucho la calidad de vida cotidiana, pero también los avances generales desde los primeros navegantes que observaban las estrellas y las constelaciones para orientarse, o los agricultores para controlar sus cosechas, hasta los actuales GPS, pasando por los nuevos materiales, el horno de microondas, los telescopios y otros ingenios orbitales que nos permiten ver la televisión de otros países, utilizar Smart Phones, etc. Es un apasionante camino de evolución científica que siempre está en construcción.

Es el momento de dejar que aflore nuestro espíritu investigador, aquel que hizo volver los ojos al cielo al primer ser humano y preguntarse por qué era de día o de noche, por qué se sucedían las estaciones, por qué llovía o las estrellas cambiaban de posición. Sin ninguna duda, el conocimiento de nuestro Sistema Solar y nuestro planeta es solo el comienzo de una gran aventura que nos llevará más allá, a los exoplanetas que quizá podrían albergar vida.

2. Matemáticas y ciencias con estructura interna lógico matemática

La matemática, junto con la astronomía, constituye uno de los saberes racionales más antiguos presentes en todas las civilizaciones y culturas, la matemática para contar con la aritmética y para medir con la geometría. La matemática ha evolucionado mucho y se han desarrollado sistemas de pensamiento lógico matemático en el devenir de los siglos y nuevas estructuras.

Nuestros asombros cotidianos están llenos de matemáticas muchas veces muy escondidas, otras veces no tanto, pero no solo: no hay ninguna acción que de cerca o de lejos no esté impregnada de alguna de las ramas que conforman este corpus de conocimiento, desde una transacción bancaria al funcionamiento de atención hospitalaria, sin dejar de lado algunas minucias domésticas, hasta todos los efectos de la globalización, cuya enumeración y descripción abarcaría un volumen entero.

Los temas que hemos tratado en el texto tocan asuntos de actualidad, como la dimensión fractal que es diferente de la dimensión en el sentido que se estudia en la escuela (que también se llama dimensión topológica); esto nos enseña, además, que se crean y surgen conceptos nuevos que incrementan el acervo y al mismo tiempo amplían las posibilidades y que se abren camino para proporcionar nuevas vías de comprensión y conocimiento y suponen nuevas rutas para el conocimiento científico. Aquí vemos no solo sobre las condiciones de la naturaleza en el hogar terrestre, a escala del suelo, sino hasta el cielo, a escala galáctica.

También las matemáticas son cruciales en la modelización de muchos tipos de procesos diferentes; por ejemplo, en los estudios de incendios forestales, en la difusión de epidemias, en la gestión económica, en las redes sociales, en la teoría de juegos, que es una teoría de relaciones de

cooperación y competición entre humanos, y por supuesto, en todos los cálculos de estructuras de ingenierías, arquitecturas, minerías, etc.

Pero de nuevo volvamos la mirada a quienes perciben el entorno. No hay ninguna descripción seria que no esté soportada por alguna disciplina matemática y muchas veces es el análisis una de las ramas más sólidas cuyo estudio somero se inicia en la escuela secundaria. Los modelos climáticos, los fenómenos naturales, la marcha de los animales, el tamaño de su cuerpo, la distribución de las manchas en la piel de los grandes y pequeños felinos…, la evolución del paisaje por el cambio de condiciones ambientales, el tráfico en las carreteras, los big data que surgen en tantos ámbitos de la vida y del conocimiento, la inteligencia artificial, la robótica y otras disciplinas. Esta aparente ensalada tiene en común muchos ingredientes que se escriben matemáticamente.

El pensamiento lógico matemático también supone una vía para desarrollar cualquier tipo de pensamiento abstracto, para avanzar en el desarrollo de la lógica, que es uno de los pilares en los que se sustenta la adaptación del ser humano a nuestro planeta. Sin embargo, no conviene equivocar concepciones, el pensamiento racional es el propio de la mente humana que hemos desarrollado de la escala a la que vivimos y de nuestra visión parcial y sesgada necesariamente, pero la naturaleza no es esclava de nuestro razonamiento, el mundo de lo muy pequeño o de lo muy grande no es subsidiario de lo que pensemos o razonemos sobre él.

Nuestra mirada hacia los matemáticas cotidianas va a cambiar el concepto escolar que teníamos de ellas y va a resucitar nuestro interés por ver la belleza científica que esconde el día a día. Solo tenemos que leer y pensar sobre ello con cierta concentración.

3. Física, origen de la química, biología, geología... las ingenierías y las técnicas

La física es la ciencia básica teórica que más lejos ha llegado en la historia de la humanidad, la causa de que esto sea así es un tema muy bonito en sí mismo, más propio quizá de la filosofía de la ciencia que de la propia ciencia. Eso ha posibilitado el desarrollo constante de las teorías más consolidadas y firmes de la propia física desde la evolución del conocimiento de los procesos en la Tierra y en el cielo, no solo a nuestra escala, sino también incluyendo desde lo más pequeño hasta lo más grande, desde la búsqueda de la comprensión de las partículas materiales a la construcción de los grandes laboratorios, de los experimentos mentales a las simulaciones computacionales, apoyadas en modelos matemáticos la mayor parte del tiempo.

La física en todas sus ramas supone cómo enunciamos el soporte teórico más importante en muchas ciencias y tecnologías. Las disciplinas que estudian aspectos que son invisibles para nosotros como la astrofísica (en lo muy grande) y la física cuántica (en lo muy pequeño), porque configuran las estructuras que son fascinantes y difíciles. Todos las cuestiones físicas que hemos presentado en este libro están elegidas por su belleza e importancia. Algunas de ellas también son abordables por la química, que comparte muchos intereses y tratamientos de base, y en no pocas ocasiones confluyen, como en el tema de la datación por carbono.

Asociadas a la física están diversas tecnologías e ingenierías, como el estudio de nuevos materiales y fases de la materia desconocida, la observación y el cuidado de los aspectos geológicos del planeta, donde las ciencias de la Tierra, como la geología, geofísica, geoquímica, vulcanología, sismología, y otras afines. Al mismo tiempo todas tienen validez en el estudio de objetos planetarios y otros

cuerpos celestes, satélites, cometas, asteroides, etc. La dinámica planetaria y de los ingenios espaciales son desarrollos que sirven también en la vida cotidiana para objetivos casi inimaginables: por ejemplo, la vitrocerámica se posibilitó como material de estudio en naves espaciales. Hay que insistir siempre que través de las diferentes ramas científicas coordinadas y puestas en común mejoramos nuestra vida cotidiana, aunque de inicio se hallen alejadas.

La etología, la medicina, la agricultura, o la ecología, son todas disciplinas que tienen algo que decir y de todas hemos elegido algún representante para que no las olvidemos, por ejemplo la meteorología y la climatología condicionan nuestras vidas, la de la vegetación de nuestro entorno y la de todos los seres vivos con los que compartimos el planeta.

Cada quien puede hacerse una pregunta en su pequeño o gran ámbito, es un ejercicio sencillo y bonito, ¿por qué se encienden las bombillas con un interruptor?, ¿por qué funcionan los electrodomésticos con el mando a distancia?, ¿cómo es posible que haya personas en la estación espacial internacional o por qué la Luna no se nos cae encima o, mejor aún, por qué toda la chatarra espacial que anda dando vueltas no nos golpea al caer?, ¿cómo es posible que funcione mi coche, el ascensor o la tuneladora que horada montañas?, las grandes máquinas todas son fruto de la ciencia, la paciencia y la conciencia. Las preguntas humanas satisfacen la curiosidad y el gusto de mirar y las respuestas y las soluciones, los resultados de las pesquisas, suele ser útil buscarlos en la naturaleza, o en el fragmento de naturaleza que podemos ver e intentamos aprehender, aprender y comprender. La naturaleza de a que formamos parte integrante y que tantas veces intentamos adaptar y modificar para nuestro provecho no es una fuente inagotable de recursos, tiene su propia dinámica y es interesante conocerla.

Cuestiones científicas

01 ¡Alimentos con-ciencia!

Mutaciones importantes

Los Organismos Genéticamente Modificados (OGM) y los transgénicos presentes en la alimentación cotidiana, ¿son realmente beneficiosos?

Todos los seres vivos vienen caracterizados por una dotación genética, los genes. Son las unidades hereditarias, están contenidos en su genoma, formado por ARN y ADN, y las mejoras genéticas se producen por vía evolutiva, por ejemplo por selección natural o por cruce.

En los OGM, los cambios o mutaciones que sufre cada organismo se originan como consecuencia de la aplicación de técnicas de ingeniería genética que modifican o eliminan algunos elementos genéticos. Estas modificaciones después se transmiten a los descendientes.

Los transgénicos son un tipo especial de OGM en los que se insertan genes externos

En general, los OGM tienen un amplio espectro de campos de aplicación además de la alimentación, por ejemplo, productos agrícolas destinados a uso no alimenticio, productos zootécnicos y médicos.

Actualmente, los alimentos transgénicos más consumidos por los seres humanos como los tomates y las patatas, son de venta libre en países anglosajones, aunque en la cultura mediterránea y en general en la Europa continental la normativa exige que este tipo de alimentos deben estar debidamente etiquetados. En Europa, además, se encuentra en las tiendas de alimentación maíz, soja, colza y algunos vegetales genéticamente modificados, procedentes casi siempre de EE. UU.

No está demás recordar en este momento que casi todos los productos alimenticios de elaboración industrial que consumimos a diario utilizan OGM normalmente; el problema para los consumidores es que en estos productos no suele haber ninguna indicación de que esto es así. Seamos precavidos y exigentes.

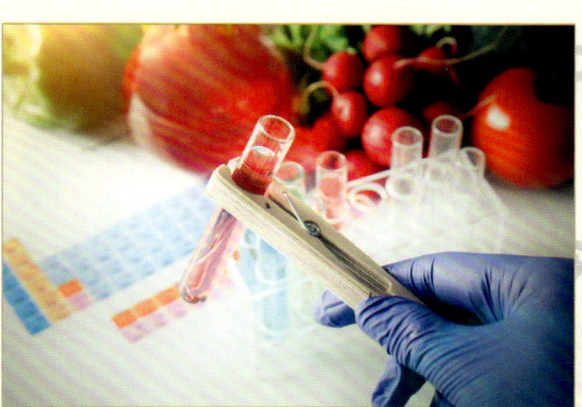

Por medio de la ingeniería genética, se pueden cambiar o suprimir algunas características en los descendientes.

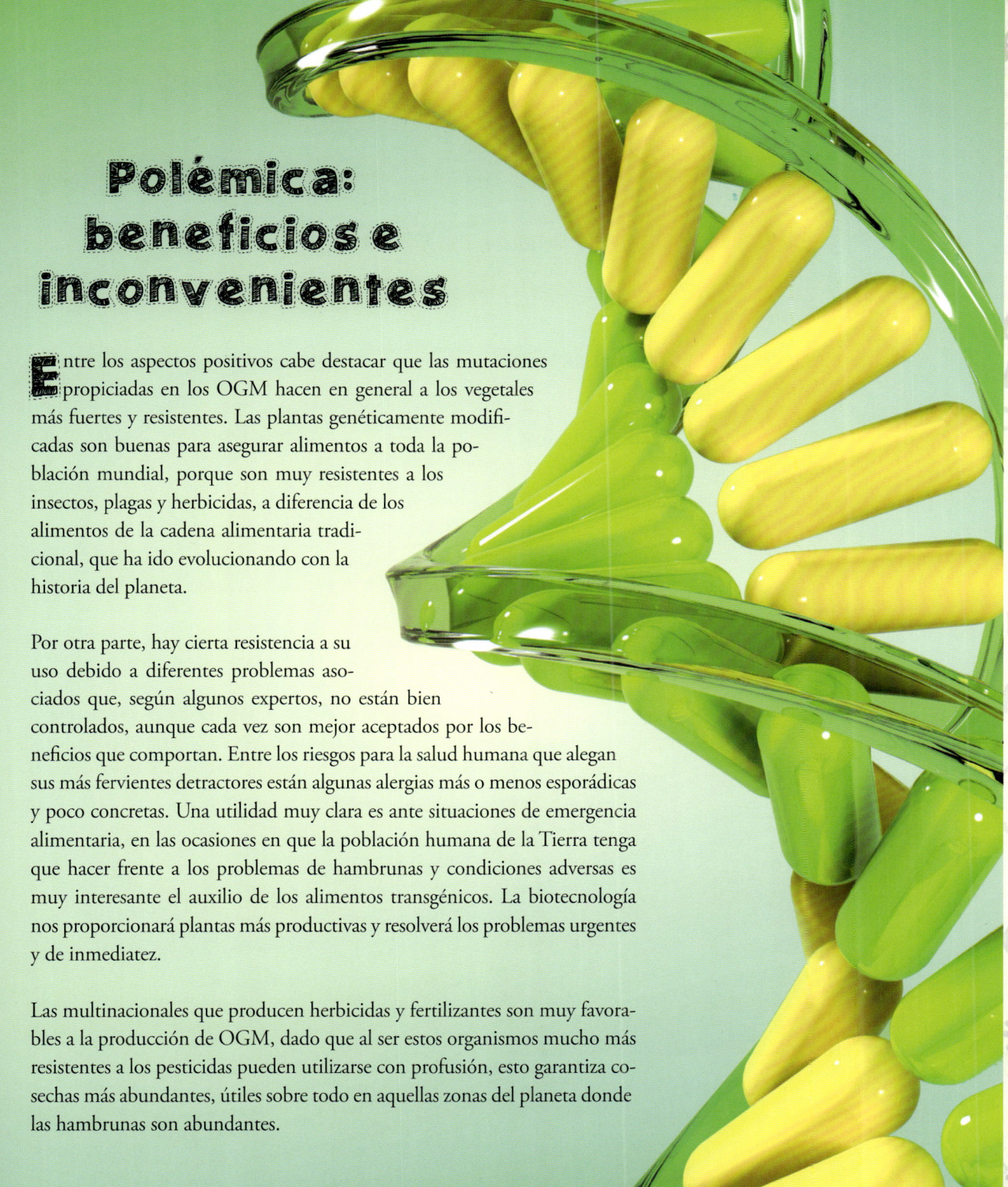

Polémica: beneficios e inconvenientes

Entre los aspectos positivos cabe destacar que las mutaciones propiciadas en los OGM hacen en general a los vegetales más fuertes y resistentes. Las plantas genéticamente modificadas son buenas para asegurar alimentos a toda la población mundial, porque son muy resistentes a los insectos, plagas y herbicidas, a diferencia de los alimentos de la cadena alimentaria tradicional, que ha ido evolucionando con la historia del planeta.

Por otra parte, hay cierta resistencia a su uso debido a diferentes problemas asociados que, según algunos expertos, no están bien controlados, aunque cada vez son mejor aceptados por los beneficios que comportan. Entre los riesgos para la salud humana que alegan sus más fervientes detractores están algunas alergias más o menos esporádicas y poco concretas. Una utilidad muy clara es ante situaciones de emergencia alimentaria, en las ocasiones en que la población humana de la Tierra tenga que hacer frente a los problemas de hambrunas y condiciones adversas es muy interesante el auxilio de los alimentos transgénicos. La biotecnología nos proporcionará plantas más productivas y resolverá los problemas urgentes y de inmediatez.

Las multinacionales que producen herbicidas y fertilizantes son muy favorables a la producción de OGM, dado que al ser estos organismos mucho más resistentes a los pesticidas pueden utilizarse con profusión, esto garantiza cosechas más abundantes, útiles sobre todo en aquellas zonas del planeta donde las hambrunas son abundantes.

UN PROBLEMA PLANETARIO: el hambre en el mundo

02 Bases de datos

¡Matemáticas insospechadas!

¿Hay matemáticas ocultas en las estructuras corrientes, como el listín telefónico?

Las bases de datos son muy útiles en muchos escenarios y situaciones de la vida cotidiana actual: sirven para trabajos científicos, las usan los economistas, los ingenieros e informáticos y casi todas las personas, pero no solo en las profesiones más o menos relacionadas con la tecnología, sino también para cuestiones de ordenación de la vida general en las sociedades modernas, como gestionar las grandes urbes, y otras estructuras complejas.

Las bases de datos relacionales son más populares por su sencillez y flexibilidad.

El esqueleto de las bases de datos es de consistencia matemática. Las bases de datos, para ser operativas, ágiles y resultar de utilidad, tienen que poder ser fácilmente accesibles y manejables por muchas personas, por lo tanto hay que modelarlas de tal manera que resulten cómodamente tratables; es decir, que no sea demasiado complicado tanto introducir como extraer datos de ellas.

Desde el punto de vista de su estructura y tratamiento matemático, no hay una sola clase de bases de datos, sino que existen varios tipos, por eso al usar la expresión genérica de «bases de datos» hemos de precisar a qué nos estamos refiriendo; en definitiva, seleccionar la modalidad que más nos interesa para la gestión que queremos realizar.

La estructura interna de la base de datos es la matemática

Hay tres tipos principales de bases de datos. Las bases de datos pueden ser *jerárquicas*, tipo organigrama simple en el que los niveles van de arriba abajo; también las bases de datos pueden plantearse en forma de *red;* es decir, que los diferentes niveles pueden tener interconexiones entre sí y no solo de unos niveles de orden superior a uno de orden inferior, y un tercer tipo que es el modelo *relacional,* que suele visualizar en forma de tabla de doble entrada.

En una base de datos relacional se pueden procesar y extraer los datos mediante una serie de operaciones matemáticas bien diseñadas y definidas, hay ocho tipos principales de operaciones: pueden ser de tipo cuentas u operaciones canónicas (por ejemplo productos, diferencias o productos cartesianos) o relaciones entre los componentes (uniones e intersecciones).

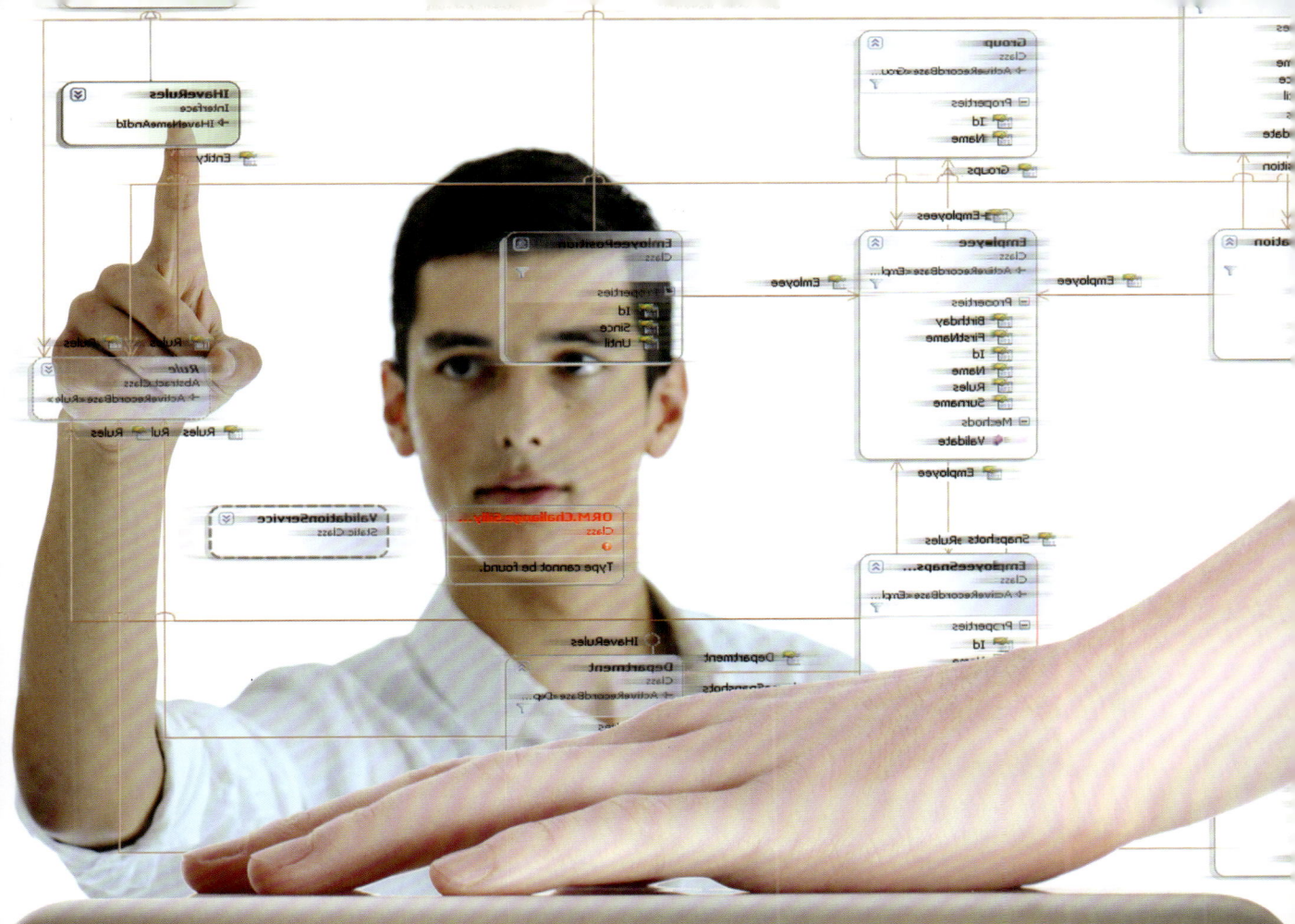

Pasos para diseñar una base de datos

Una base de datos se diseña considerando tres aspectos fundamentales, un esquema conceptual, un esquema interno y otro externo. El esquema conceptual está inspirado en el mundo real que quiere reflejar y por tanto es la guía principal para establecer la estructura lógica. El esquema interno es la visión de la base desde el punto de vista del computador. Y por último el esquema externo es el aspecto que tiene en cuenta la visión de los usuarios y las aplicaciones, este último se diseña para cada base de datos concreta.

UNA BASE DE DATOS
contiene un esquema conceptual,
otro interno y otro externo

03 ¡Calentamiento global!

¿Qué peligros encierra?

El aumento de la temperatura de la superficie del planeta se conoce como "calentamiento global". Este fenómeno afecta a la atmósfera y los océanos.

El incremento habitual de la temperatura se debe a causas naturales: la radiación solar combinada con el efecto invernadero natural que se produce en la atmósfera. Sin embargo, además, una parte importante del sobrecalentamiento se debe a la actividad humana. Veamos: la utilización de los combustibles fósiles, la deforestación, la crianza de animales para consumo humano y la agricultura intensiva suman contribuciones rápidas al sobrecalentamiento global.

El estudio del cambio climático durante los últimos 100 años indica que la mayor parte del incremento observado de la temperatura media global a partir de mediados del siglo XX es atribuible al incremento observado de la concentración del gas invernadero de origen antropogénico.

La vida humana se desarrolla en un determinado rango de temperaturas y por eso interesa mantener la temperatura

La contaminación tiene un papel protagonista en el paulatino calentamiento del planeta. Está en nuestras manos evitarlo.

terrestre alrededor de valores medios compatibles con la misma.

Los especialistas señalan los factores para el establecimiento y el mantenimiento de esta temperatura: el calor interno del planeta; la radiación solar (que proporciona también la energía por efecto invernadero); la presencia de la atmósfera que atenúa las oscilaciones de la temperatura entre el día y la noche y entre las distintas estaciones. El efecto invernadero natural amplifica el efecto térmico de la radiación solar. Y la alteración de los parámetros o valores generales es la causa del aumento del calentamiento global.

Otros detalles de la contribución humana

El ser humano, quemando combustibles fósiles como carbono, gas y petróleo y destruyendo el bosque, está incrementando considerablemente la cantidad de anhídrido carbónico (CO_2) en la atmósfera. Esto provoca un aumento del efecto invernadero. A pesar de que hay algunos negacionistas de este efecto, la mayor parte de los científicos concuerda con el calentamiento del globo como resultado de la actividad humana añadido al efecto natural. Cambios que se observan: los glaciares se están derritiendo; las zonas afectadas por la sequía aumentan paulatinamente, el número de huracanes de categoría 4 y 5 se incrementa, y enfermedades como la malaria ha llegado a las cotas más elevadas como ha ocurrido en los Andes de Colombia a más de 2.000 m sobre el nivel del mar.

Si este sobrecalentamiento global continúa, el nivel del agua de los océanos se elevará por el derretimiento del agua de la Antártida y Groenlandia y las zonas costeras de todo el mundo sufrirán algunos cambios. Ciertas especies vivientes en la actualidad caerán en riesgo de extinción. Las oleadas de calor serán más frecuentes y más intensas, aumentará el riesgo de incendios y las sequías y crecerá el número de muertes por calor.

PRONÓSTICO DE FUTURO. Los datos y su análisis evolutivo lo ven muy oscuro

04 ¡Ciencia a ras de suelo: agricultura!

Ciencia y técnica

Nuestros ancestros comenzaron a cultivar la tierra con mucho de técnica y de ciencia; la supervivencia le da sentido y fuerza.

Con el transcurso del tiempo ha ido adquiriendo complejidad, y en la actualidad, esta artesanía sustentada en la idea de la alimentación humana, tiene el carácter de una industria compleja en la cual la finalidad no es solo obtener productos alimenticios útiles para los animales y las personas, sino que al mismo tiempo se trata de producir materias primas como algodón, lino, etc.

Desde una perspectiva científica, en la agricultura se distinguen tres filones principales de investigación; el primero contempla las condiciones físicas y ambientales que influyen en la producción vegetal, como la agronomía, la silvicultura, etc.; el segundo atiende a las peculiares características de la sociología rural; mientras que la economía y la política agraria constituyen el tercer elemento interviniente.

Los primeros pasos de la agricultura se dan en la transición de la recolección espontánea al cultivo deliberado de productos, lo que modificó las costumbres paulatinamente; así, empezaron los asentamientos humanos estables y poco a poco se fueron mejorando las estructuras estables y las condiciones de vida.

La agricultura tiene una larga y no siempre fácil historia

Inicialmente, en los primeros tiempos agrícolas, se explotaba la tierra hasta la extenuación, las labores en esta etapa precientífica se realizaban con instrumentos manuales, y se cultivaron cereales, legumbres y poco a poco, se incorporaron los productos hortofrutícolas. Pero a medida que los asentamientos humanos se hicieron más sólidos, la necesidad de controlar las estaciones y los tiempos adecuados para la siembra requería también un desarrollo paralelo de la astronomía posicional, y de las matemáticas, para medir, contar, distribuir, etc.

Adelantos técnicos como el riego automático facilitan el crecimiento agrícola y transcienden de la pura alimentación a la industrialización.

La racionalización y el desarrollo del trabajo

Los asentamientos humanos introdujeron reglas de convivencia y auxilio mutuo, de los sistemas de riego, el arado tirado por animales domesticados y, para no agotar el terreno, se alternaron periodos de trabajo con periodos de descanso.

En los siglos XVIII y XIX el desarrollo de la investigación científica en física, química y genética mejoró los procesos, la maquinaria agrícola y las herramientas: se fue creando una industria de material agrícola. En el XX se usaron los principios mendelianos de la herencia genética para crear nuevas variedades de cultivos y se comenzó a luchar contra los parásitos de las plantas.

AGRICULTURA=HUMANIDAD. El ser humano ha obtenido alimento y vestido de la Tierra

05 Cinta de Möbius

¡Solo tiene una cara!

Todos tenemos la imagen mental de una superficie, dos caras: una superior y otra inferior, o una interna y otra externa.

En una superficie, para pasar de una cara a la otra es preciso llegar al borde y dar la vuelta o agujerear la propia superficie. Pero en la banda de Möbius nunca se puede pasar de una cara a otra, no hay un dentro y un fuera. Dicho de otra manera, la banda de Möbius es una superficie con una sola cara.

Al contrario que este cilindro, si girásemos la cinta antes de unir los extremos, obtendríamos la cinta de Möbius.

Materialmente, una manera de obtenerla consiste en unir las dos extremidades de una cinta tras haber realizado medio giro de torsión, uniendo el ángulo derecho de un lado con el izquierdo del otro. Es decir, lo opuesto que se hace con una cinta normal que, cuando se une por sus extremos para cerrarla, se forma un cilindro.

Otro ejemplo material: un cinturón muy finito (casi sin grosor) y que conste de un enganche al extremo, si lo abrochásemos por el borde como nos marca el fabricante, normalmente formamos un cilindro, pero si lo retorcemos una vez y enganchamos de tal modo que la parte visible, o derecho, de un extremo haga cierre con la cara del revés del otro y lo recorreremos tranquilamente vemos que pasamos del derecho al revés sin dar la vuelta al cinturón.

La cinta de Möbius tiene solo una cara y un borde y es no orientable

El resultado es una superficie con unas propiedades poco corrientes. Por ejemplo, si imaginamos una hormiga dando un paseo por esta banda nos damos cuenta de que al final del viaje la hormiga se encuentra justo debajo del punto de partida, sin haber atravesado la cinta por un agujero o sin haberse pasado por un borde lateral a la otra cara, simplemente dando la vuelta. Dicho de otro modo, pretendiendo recorrer una sola cara de la cinta, se llega inevitablemente también a la otra que no es tal; esto se conoce geométricamente como la no orientabilidad.

Las superficies que tienen dos caras con las que estamos familiarizadas, como el cilindro o la esfera, son orientables; es decir, para pasar de una cara a la otra hay que atravesar la superficie en algún momento.

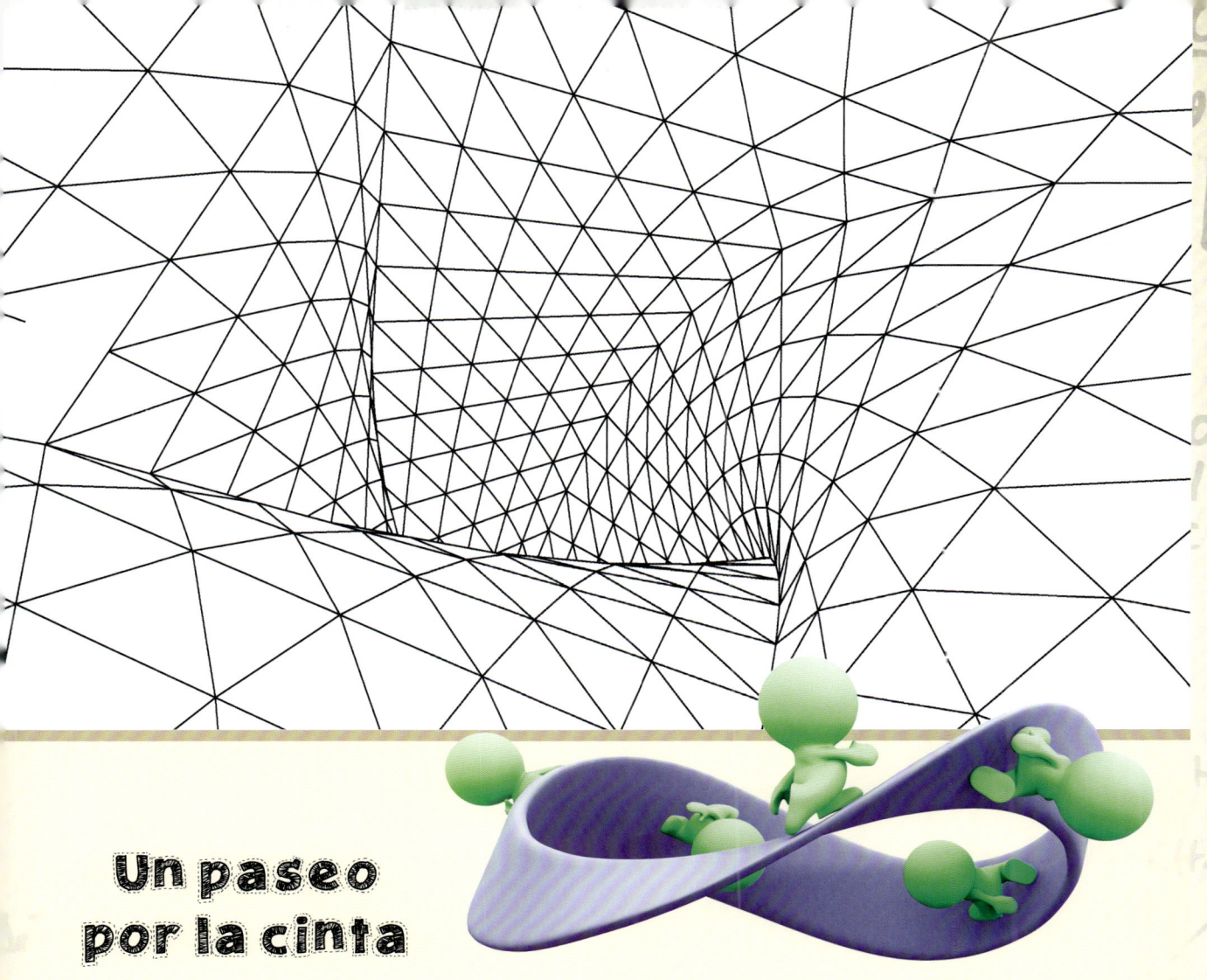

Un paseo por la cinta

En la banda de Möbius, mirando la excursión de la hormiga recorriendo toda la cinta, nos damos cuenta de que esta no orientabilidad (no hay dentro y fuera) no es una propiedad intrínseca de la propia cinta, sino que se debe a que la cinta está en el espacio en el cual vivimos. Un curioso objeto geométrico que ha resultado ser una fuente de inspiración constante para la arquitectura en términos espaciales o de forma y estructura.

El análisis de la cinta de Möbius no es solo un juego divertido de matemáticos, sino que desempeña un papel fundamental en la historia de las matemáticas y ha contribuido a formar una nueva rama del conocimiento matemático, la topología, muy útil en la física. Esta rama estudia las propiedades de las superficies y los volúmenes que no cambian como consecuencia de las deformaciones continuas, sin cortes, agujeros o sin interrupción en la continuidad. Un dado (cubo) se transforma en una esfera, inflando desde dentro, deformando continuamente, y, como este, hay muchos otros ejemplos sorprendentes.

EN LA VIDA DIARIA. El símbolo internacional de reciclaje... ¡Es una cinta de Möbius!

06 ¡Ciudades inteligentes!

¿Futuro en las Smart Cities?

En los ambientes científico tecnológicos más innovadores se habla de las Smart Cities (ciudades inteligentes) a la hora de planificar ciudades.

Dejando de lado el contenido conceptual de esta expresión, con la frase nos estamos refiriendo a la ciudad computador, a la ciudad gobernada mediante el Software. La noción no es una novedad total, sino que resulta una innovación originada con los procedimientos y herramientas actuales, como recuperación de la antigua idea de ciudad racional; es decir, aquel pensamiento que concibe la ciudad como núcleo de la creatividad, la tecnología, la automatización de procesos, la informática y la información, la sostenibilidad ambiental y, en definitiva, la eficiencia.

En las urbes se delega la gestión de determinadas actividades a un organismo técnico especializado en la organización del buen funcionamiento de sus infraestructuras y otros aspectos funcionales fundamentales. Pero independientemente de que eso sea factible, caben hacerse preguntas sobre ¿qué comporta?, ¿cómo se efectúa, qué implicaciones conlleva y qué significado tiene esto para la ciudad?; en definitiva, ¿qué es una ciudad?

Smart Cities: Inteligentes, eficientes y sostenibles

Un problema característico del ámbito urbano y su periferia son los modelos de vida en las ciudades, que conlleva diversos problemas sociales de importancia. Atendiendo estos temas y observando la realidad frente a la teoría y los proyectos, es imposible negar que en numerosas ocasiones la realidad de las ciudades que nos encontramos frente a frente son localidades que parecen mal diseñadas, con numerosos problemas sin resolver que no serían difíciles de abordar con una voluntad coherente con el bienestar general, con algunas evidentes malas planificaciones y urbanismos y que la especulación y la desigualdad nos presentan como una muestra que no encaja al 100% con el concepto inteligente; e incluso a veces resultan aterradoras y crueles.

Cabe preguntarse cuánto tiempo falta para hacer realidad el discurso teórico de la auténtica ciudad inteligente.

Planteamientos sobre las ciudades que vienen

Cuáles son las nuevas paradojas asociadas con la naturaleza particular de la ciudad computador. En definitiva, la promesa de la Smart Cities implica solo a la ciudad o también a la transformación de los ciudadanos. Y llegados a este dilema, ¿en qué medida les corresponde a los habitantes de las urbes el protagonismo de la transformación tecnológica de estas? ¿Se comportarán las personas como los dueños del espacio que ocupan o actuarán como los usuarios de un servicio más o menos tecnológico?

Las ciudades inteligentes del futuro próximo estarán seguramente interconectadas entre sí, sería contradictorio contemplar un panorama de aislamiento.

¿REALIDAD ACTUAL? Existen proyectos piloto y sociedades comerciales que ya han comenzado a diseñar Smart Cities

07 Combustibles fósiles, ¿sí o no?

La energía del pasado

Transporte y electricidad dependen en gran medida de la biomasa acumulada hace millones de años en fósiles como carbón, petróleo o gas natural.

Los combustibles fósiles proceden de la transformación de las sustancias orgánicas en formas más estables de la materia, son materiales ricos en carbono. Como fuentes de energía se presentan como no renovables; esto es porque el ritmo al que se consumen es muy superior al de su creación, pues su formación se corresponde con procesos largos debido a que la fosilización de la materia orgánica es un proceso lento que conlleva millones de años, y la cantidad de materia que se fosiliza es muy pequeña en comparación con las necesidades energéticas de los seres humanos. Las generaciones futuras irán perdiendo la posibilidad de usar este tipo de energía, que se irá sustituyendo por otras quizá menos dañinas para el medioambiente.

Debemos sustituir el combustible fósil por una fuente renovable

Entre los combustibles fósiles más usados están el petróleo y sus derivados (benceno, gasolina, gasóleo, queroseno, aceites lubricantes, alquitrán...), también el gas natural, el carbón y los hidrocarburos. La mayor parte de los combustibles citados constituyen la principal fuente de energía para la humanidad. Cabe preguntarse: ¿cuáles son las principales razones para este uso intensivo y privilegiado?, la respuesta hay que buscarla en la relación energía-volumen, en su facilidad de transporte y de almacenaje y en que su costo de media es relativamente asumible, a pesar de las fluctuaciones, los altibajos, y de los periodos en que el precio sube considerablemente.

Otras fuentes primarias de energía, las englobadas en el término genérico de renovables, que tienen indudable relevancia y que acabarán teniendo un peso mayor del que tienen en la actualidad, a pesar de que son bien conocidas, no se han desarrollado en plenitud por una suma de intereses que van en dirección contraria. La estrategia energética ha sido relegada y supeditada a otros intereses.

Energías renovables como la solar o la eólica empiezan a utilizarse más que el combustible fósil.

Un punto de vista científico

Los científicos han puesto en evidencia los numerosos inconvenientes que su utilización supone, no solo para la salud humana, sino también para la medioambiental; por ejemplo, es bien sabido que son muy contaminantes.

El petróleo es un líquido denso e inflamable, que tras su extracción se somete a destilación fraccionada para ir situando en el mercado todos los productos obtenidos. El carbón es un combustible fósil subterráneo y en muchas ocasiones a cielo abierto, es un combustible que desde el principio está listo para su uso. Es una de las fuentes de energía más usadas por la humanidad y al mismo tiempo una de las más contaminantes. El gas natural es un producto de la descomposición anaerobia de material orgánico. Se halla presente en general junto al petróleo y en yacimientos de gas natural, y también en vertederos. La mayor dificultad del uso del gas natural es su transporte, los gaseoductos son baratos, pero suelen atravesar distintos países, con la dificultad política que puede originar la interrupción de flujo en una circunstancia internacional difícil.

UN MUNDO MÁS LIMPIO. Con energía no contaminante y renovable

08 Construcciones de coral

Operarios de la naturaleza

Uno de los ecosistemas más diversos de la Tierra se ha formado durante miles de años sorprendiendo a la ciencia.

Las barreras de coral son grandes construcciones animales, de mayor tamaño que el de algunos de los monumentos humanos más espectaculares, como los rascacielos más altos o las pirámides de Egipto; los constructores de estas obras son colonias de pequeños *celentéreos* asociados en forma de *pólipos* (animales marinos). El ejemplo más imponente de estos edificios seguramente es la gran barrera de coral del Océano Índico, donde los atolones, e incluso algunas cadenas montañosas son obras de los laboriosos y pacientes corales.

Los corales son organismos pulcros que necesitan agua limpia, oxigenada e iluminada, a una temperatura comprendida entre 20 °C y 30 °C y de gran salinidad. Estas condiciones físicas concurren en el Pacífico central y en la costa oriental de Australia, a una profundidad de entre 40 m y 60 m. Sin embargo, las costas occidentales de la isla continente, a causa de las corrientes predominantes, mucho más frías, no son aptas para el desarrollo de las grandes barreras.

Un alegre «cementerio» de esqueletos de coral

Los pólipos viven en simbiosis con unas algas unicelulares, las llamadas *zooxantelas,* que sin embargo son importantísimas para la vida de la colonia. Por su parte, las algas contribuyen realizando la fotosíntesis a partir del ácido carbónico de los tejidos de las madréporas (corales), y como resultado se origina la formación de calizas insolubles, que son duras como rocas.

Este proceso es largo, son necesarios miles de años para generar la barrera: millones de colonias crecen hasta fundirse y formar estructuras gigantescas como ocurre con la gran barrera australiana, la más imponente del mundo, que mide 2.000 km de longitud.

A veces, las barreras alcanzan también alturas impresionantes: cerca de las islas Fidji supera los 2.000 m: un auténtico macizo montañoso.

Los atolones

Las estructuras coralinas, o las madréporas, se llaman barreras. Cuando se sitúan a cierta distancia de la costa, formando una laguna no muy profunda entre la costa que se comunica con el océano mediante pasos estrechos son los atolones. Pero, ¿cómo se pueden elevar barreras de esta altura si los pólipos necesitan luz y no crecen a profundidades mayores de 60 m? La explicación está en que el nivel de los océanos no ha sido siempre el mismo y las barreras han comenzado a formarse en una época muy anterior a la actual y han ido desarrollándose posteriormente.

Cuando la barrera al crecer en altura emergía del agua, detenía su crecimiento, y así podía permanecer siempre próxima a la superficie, alcanzando la altura hasta las dimensiones conocidas. Un mecanismo que habría conducido a la formación de los atolones, como ya hemos indicado, barreras coralinas circulares, es su crecimiento alrededor de antiguas islas volcánicas, ya desaparecidas. Los atolones actuales de anillo, pues, separan una laguna interna poco profunda (donde antes había un volcán) del océano abierto circundante. En el anillo las corrientes han llevado arena y escombros, y sobre ellos ha comenzado a crecer la vegetación, hasta la formación de los atolones.

 # LENTITUD. Un arrecife tarda unos 10.000 años en formarse. Un atolón, hasta 30 millones de años

09 ¿En qué se parecen un violín y la Luna?

O qué es la resonancia

Estos dos son sistemas físicos y comparten una cualidad estructural, la resonancia, una propiedad física presente en muchas más situaciones de las que habitualmente consideramos.

En el diseño y la fabricación de los instrumentos musicales construidos sobre algún tipo de caja (violines, guitarras, bajos, pianos...), se suele buscar resonancia para mejorar la calidad del efecto sonoro y amplificarlo, y también para lograr perfeccionar otras cualidades sonoras, como el timbre. Esta acción tiene lugar también en muchos sistemas biológicos, por ejemplo en el desplazamiento animal con mejor rendimiento si se efectúa la marcha a la frecuencia natural; es decir, sin forzar o ralentizar. Hay bastantes problemas similares, lo más interesante es que los diferentes casos, contextos o situaciones, sorprendentemente, se corresponden con la misma construcción matemática.

La Tierra y su satélite es un ejemplo de resonancia

Para no despistarnos vemos que la resonancia es esencialmente un proceso de transferencia de energía entre cuerpos. Se produce al interactuar periódicamente dos sistemas oscilatorios cuyas frecuencias están en una relación racional, es decir 1 a 1, 2 a 3, etc.

En el Sistema Solar se observan muchos fenómenos de resonancia, que es una forma de «selección natural» que ha ido configurando la estructura actual de nuestro sistema planetario y que tiene un efecto estabilizador, al menos en el corto plazo. Este es un fenómeno que se produce en el sistema Tierra-Luna, que como todos podemos comprender, da bastante estabilidad a nuestro sistema, pero además de este, hay otros tipos de resonancia en el Sistema Solar.

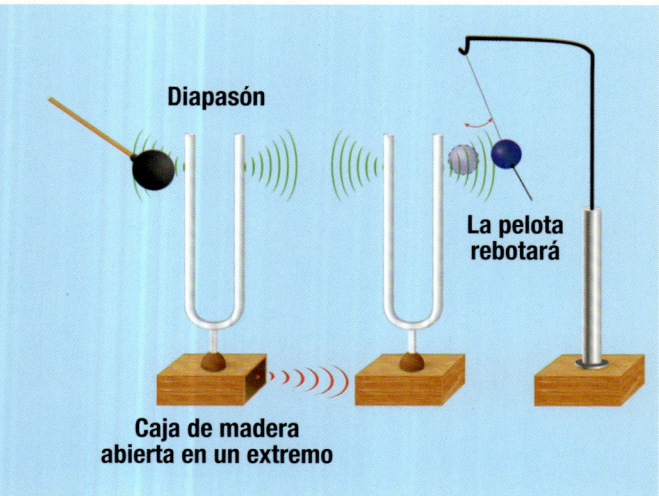

Ilustración que muestra un experimento de resonancia usando el diapasón. Cuando se toca uno, el otro, si es de la misma frecuencia, también vibrará.

Resonancia Tierra-Luna

La Luna y la Tierra forman un sistema planetario muy singular, debido, por una parte, al gran tamaño del satélite y, por otra, a su proximidad a la Tierra, que a su vez orbita alrededor del Sol. La superficie de la Luna (como la de la Tierra) está iluminada por el Sol en su totalidad. Es decir, que no hay un lado oscuro de la Luna, sino un lado que permanece oculto a nuestra vista. Desde la Tierra es visible una mitad del satélite debido al efecto combinado entre los movimientos de rotación y de revolución.

La Luna gira *(spin)* en torno a un eje imaginario y al mismo tiempo su baricentro (centro de gravedad, que por cierto es interior a nuestro planeta) se mueve alrededor de la Tierra. El periodo de rotación de la Luna en torno a sí misma coincide con el periodo de revolución (órbita) alrededor de la Tierra, la relación es 1 a 1. Este fenómeno es muy frecuente y se llama resonancia mareal síncrona, se produce cuando la relación entre el periodo de rotación y el de revolución es un número racional de grado bajo (numerador y denominadores pequeños). Se suele dar entre planetas y satélites grandes. Y recuerde el lector: ¡la Luna es el quinto satélite por tamaño del Sistema Solar!

En general, el tipo de resonancia que consiste en el acoplamiento de la dinámica de dos astros que se da cuando la conmensurabilidad se produce entre el periodo de rotación *(spin)* y el periodo orbital, técnicamente se llama resonancia spin-órbita.

 # ROTACIÓN Y ÓRBITA.
Cuando la relación es 1 a 1, podemos hablar de resonancia

10 ¿Es tan misteriosa la criptografía?

Ciencia en códigos secretos

La criptografía es un término genérico que señala el conjunto de técnicas que permiten cifrar mensajes, para que se vuelvan ilegibles.

De este modo, los mensajes pueden viajar del emisor al receptor sin que posibles intermediarios «demasiado curiosos» conozcan la información que se transmite. Un ejemplo cotidiano se produce cuando alguien realiza una transacción bancaria por internet. La criptografía tiene una larga historia. En la Edad Media ya se habían desarrollado técnicas depuradas con métodos de cifrar mensajes sofisticados. En la actualidad, esta disciplina que está en la frontera de varias ciencias: matemática, computación, física, etc., se utiliza para transmitir información confidencial o delicada.

Al modo del cilindro de Jefferson, los discos giran alrededor de un eje de metal para codificar y descodificar códigos.

Las técnicas criptográficas han estado presentes en todos los grandes procesos históricos

La criptografía se fundamenta básicamente en la aritmética: se trata de transformar las letras que forman el mensaje en una colección de cifras (que en informática son los bit,

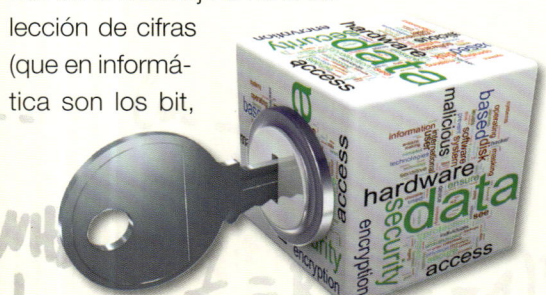

debido a que se usa el código binario) para, posteriormente, hacer cálculos con estas cifras que modifiquen los bit iniciales hasta convertirlos en incomprensibles. El resultado es el *criptograma* y el destinatario debería entenderlo. Codificar un mensaje para convertirlo en secreto se llama *cifrado*, mientras que el método inverso; es decir, la recuperación del mensaje original, se llama *descifrado*.

El único propósito de la criptografía informática es el de mantener la confidencialidad para proteger la información de los usuarios.

La criptografía en la era de la informática

Finalizada la Segunda Guerra Mundial, las tecnologías emergentes electrónicas y digitales se adaptaron a las máquinas criptográficas. Se dieron así los primeros pasos hacia los sistemas criptográficos más modernos con métodos combinados de gran complejidad.

Un tipo de criptografía clásicamente usada es la de *clave pública asimétrica*. En ella, una de las claves puede hacerse pública sin que por ello la seguridad de la clave secreta se vea afectada. Lo cifrado con la clave secreta puede descifrarse con la pública y viceversa. Esta propiedad permite aplicaciones como la *firma digital,* que es tan importante en las redes de telecomunicaciones actuales; sin embargo, no vamos a descifrar aquí los secretos científico-técnicos de las firmas digitales, el asunto está encriptado. La criptografía más avanzada se apoya en una ciencia reciente muy activa llamada «teoría de la información», además de la criptografía avanzada.

CRIPTOGRAFÍA E INFORMÁTICA.
Ambas van de la mano en la actualidad en casi todas las operaciones bancarias

11 Crónicas biológicas: ¡extremófilos!

Lugares inhóspitos para vivir

Un volcán submarino, un géiser o el espacio sideral, ¿son estructuras incompatibles con la vida? Pequeñas formas de vida resisten en condiciones hostiles.

El caso de los organismos *extremófilos* es sorprendente. Un ejemplo son los habitantes del vacío: esta condición física da escalofríos, aunque los *tardígrados* están «a su aire» o, mejor dicho, «a su vacío», en este ambiente. Estos animales microscópicos son los seres que habitan en las condiciones extremas más radicales conocidas. Entre todos los extremófilos hallados, los tardígrados son los únicos que se han encontrado en el vacío del espacio sideral, e incluso en algunos casos resistiendo toda clase de radiaciones ionizantes. Condiciones letales, como la ausencia de presión o la exposición a rayos solares nocivos, parece que no molestan a los minúsculos tardígrados que muestran su vitalidad en todos los experimentos a los que se someten. Desde temperaturas elevadísimas, pasando por presencia de sustancias altamente tóxicas en el ambiente, hasta sequías inimaginables.

Ningún ser vivo sobrevive en las duras condiciones del tardígrado

El complejo mecanismo que hay tras esta elevada resistencia, no está completamente explicado y comprendido. Si un individuo se encuentra en condiciones no idóneas para su desarrollo vital entra en una situación de casi inactividad, y las funciones metabólicas y reproductivas de su organismo casi desaparecen. Los extremófilos, cuando suspenden sus actividades vitales, soportan falta de oxígeno o de agua, temperaturas extremas y recuperan su normalidad vital ante un ambiente más favorable. Hay extremófilos que desafían las leyes de la naturaleza viviendo en medios extremadamente calientes, los *termófilos,* o por el contrario extremadamente fríos, los *criófilos.* Entre los termófilos están las bacterias que viven a 95 °C y se alimentan de modo autótrofo de sustancias inorgánicas de las que extraen nutrientes. Y entre los criófilos, están unas bacterias que sobreviven a -20 °C, en el permafrost.

La ilustración muestra el aspecto de un tardígrado, llamados también osos de agua, que, por ser microscópico, no podemos ver.

Zonas residenciales poco concurridas

En general, los organismos que ocupan nichos ambientales vacíos tienen menor probabilidad de supervivencia, porque carecen de recursos. Sin embargo, las condiciones óptimas para el desarrollo de los extremófilos son excepcionales, la ausencia de otros en el catálogo de vecinos, les resulta muy ventajoso y pueden reproducirse sin las dificultades de cualquier otro ser vivo.

En la fotografía de abajo puede apreciarse un ejemplo gráfico de este tipo de vida. La cuenca geotérmica de colores del parque de Yellowstone, en Estados Unidos, es un lugar donde extremófilos del tipo termófilo son los responsables del vistoso colorido que se produce en la fuente termal Grand Prismatic Spring.

RESILIENTES Y PELIGROSOS. Estas formas de vida pueden ser terribles: es el caso de muchos virus

12 ¿Cuándo adquirió Saturno sus anillos?

Un relato fascinante

Es uno de los misterios que encandilan a los curiosos observadores del cielo. Saber por qué están ahí es una necesidad para los astrónomos.

En la actualidad, el uso de las simulaciones computacionales nos otorga un poco de ventaja sobre nuestros predecesores, porque proporciona la posibilidad de «hacer observaciones» sobre el pasado remoto. Estas simulaciones del pasado muestran que la aparición de los anillos ocurrió en un periodo temprano de la formación del Sistema Solar: en la época del bombardeo intenso tardío; Júpiter fue el primer planeta que surgió y no mucho tiempo después, apareció Saturno.

Este sería, resumido, el relato de la creación de todo un sistema: el viaje de Júpiter hacia el interior fue posiblemente arrasador, debió pasar demoliendo estructuras planetarias emergentes y modificando por tanto los débiles equilibrios que se habían ido estableciendo entre los demás protoplanetas.

También Saturno viajaba entonces hacia el Sol y posiblemente ambos gigantes, Júpiter y Saturno, quedaron trabados entre sí en una especie de relación de fuerzas entre los dos. Para hacernos una idea de cómo fue, estamos hablando de algo parecido a lo que ocurre en un columpio cuando juegan niños.

La época del bombardeo intenso tardío se establece 4.000 millones de años atrás

Esta relación se denomina resonancia (como ya hemos visto que ocurre también entre la Tierra y su satélite, la Luna) y en el Sistema Solar, la denominamos orbital.

Este balanceo entre gigantes tuvo consecuencias en todo el sistema (en general la resonancia es una transferencia de energía entre sistemas que los equilibra). La resonancia orbital entre Júpiter y Saturno es de 5 a 2; es decir, que por cada cinco vueltas que Júpiter da al Sol, Saturno da dos.

En la imagen de la izquierda, una recreación de Urano, otro planeta que goza de un sistema de anillos, 13 en total.

Otros gigantes y sus joyas

Urano y Neptuno, gigantes helados, también están rodeados de anillos aunque sus elementos constituyentes son grandes rocas, lo que dio como resultado otro tipo de anillos. La población de este cinturón externo, además de contener los grandes restos de la construcción, también contiene muchos cuerpos tipo Plutón, pequeños planetas.

En su viaje de acercamiento al Sol, al atravesar las proximidades de los planetas gigantes, sus órbitas sufrieron distorsiones y se rompían en las cercanías de estos y así el sistema iba evolucionando. Si uno de estos visitantes lejanos se acercaba a un gigante gaseoso, seguramente el 10% de la masa inicial se quedaba en la órbita, esto se corresponde bien con la masa de los fragmentos que constituyen los anillos de Saturno.

El caso de Urano y Neptuno es un poco diferente, porque son más densos, y su tirón gravitacional es mayor, lo que hizo que la parte más rocosa de estos excursionistas provenientes del cinturón de Edgeworth-Kuiper quedara atrapada en sus anillos.

#DEPENDENCIA MUTUA. El Sol y Saturno son responsables de la deformación de las órbitas de muchos objetos estelares

13 ¿Planeta enano o asteroide?

Curiosidades sobre Ceres

En el Cinturón de Asteroides, entre las órbitas de Marte y Júpiter, está Ceres, el menor de los planetas enanos, pero interesante desde el punto de vista de la química orgánica, la que se acerca a la vida.

Hubo un tiempo en que era considerado el mayor de los asteroides (con un diámetro de aproximadamente 1.000 km), el primer asteroide en la lista de los principales de los asteroides. En 2006 se estableció la categoría «planetas enanos» y este astro cambió de familia, y pasó a ser un planeta enano. Haciendo un símil deportivo/futbolístico «ascendió de 3.ª división y pasó a jugar en 2.ª». Inicialmente, los asteroides que se iban descubriendo se bautizaban como los otros cuerpos del Sistema Solar, con nombres mitológicos. La diosa romana Ceres otorgó su nombre a este objeto; posteriormente, los astrónomos se dieron cuenta de que había demasiados cuerpos como para encontrar «divinidades» con que honrar a todos los que se iban hallando.

¿Hubiera preferido Ceres ser un asteroide gigante o el planeta enano de menor tamaño?

Este pequeño planeta se descubrió a principios del siglo XIX desde un observatorio en el sur de Italia. Su masa es aproximadamente ⅓ de toda la masa del Cinturón, y por eso la gravedad le permite tener forma esférica, a pesar de no ser comparable a la de los grandes objetos.

Su núcleo interior debe estar formado por rocas, seguido de una región intermedia no demasiado grande, que podría consistir en una capa de hielo y la gran capa más delgada y externa es la corteza a la que tenemos acceso mediante los instrumentos ópticos.

La presencia de hielo en su superficie hace pensar en que pueda tener agua líquida en su interior, convirtiendo a este planeta enano en uno de los más estudiados, por su teórica capacidad para albergar vida.

Ilustración de la observación que el telescopio espacial Spitzer hizo del Cinturón de Asteroides iluminado por la estrella Vega.

Tal vez la vida no es lejana...

El estudio de la misión Dawn sobre Ceres proporciona información sobre moléculas orgánicas y otros elementos fundamentales. El agua helada y otros compuestos hidratados junto con la existencia bastante probable de un océano subterráneo. Los espectrómetros de luz visible e infrarroja han encontrado compuestos orgánicos de carbono e hidrógeno, que incluso podrían corresponder con algunos compuestos similares al alquitrán. Ceres es oscuro, parece un feo objeto de hormigón, pero puede desarrollar un ambiente de química compleja quizá compatible con la vida primitiva, como algunas lunas de Júpiter y de Saturno y nuestro vecino Marte.

AGUA Y ATMÓSFERA. Ceres es un lugar prometedor gracias a esas dos características

14 ¿Bienvenido, Cyborg?

¿Es humano el futuro humano?

Veamos primero algunas ideas asociadas a los desarrollos técnicos que están sucediendo en el seno de la disciplina que se ocupa de ellas.

La *cibernética* se ocupa de los sistemas de control y de comunicación entre personas y máquinas aprovechando los aspectos comunes del funcionamiento de ambas estructuras: los mecanismos. La primera vez que surgieron estas ideas y su paulatino desarrollo y evolución dio origen a la posibilidad de reproducir y simular deficiencias físicas y cierto tipo de dolencias con el fin de superarlas. Esta nueva forma de comprensión comenzó a configurar un nuevo corpus de conocimiento, la *biónica*.

La construcción de un Cyborg u hombre biónico es un gran adelanto técnico, pero en ocasiones choca con la ética.

Cibernética, biónica, robótica... Son realidad y son futuro

Sin apenas solución de continuidad, la *robótica* se unió a este equipo tecnológico de estudio y desarrollo de herramientas, se centró en el diseño y la elaboración de mecanismos de control automáticos, y el bagaje informático sirve para llevar a cabo tareas rutinarias incorporadas en procesos industriales. Por otra parte, en la actualidad, el uso robótico más extendido tiene lugar en aspectos rutinarios de los procesos industriales que requieren gran precisión en su realización y que simultáneamente son extraordinariamente rutinarios. El campo de actuación se va ampliando poco a poco; incluso se están comenzando a construir modelos de moléculas de ácidos nucleicos y algunas proteínas. El hombre-máquina ya forma parte de nuestro día a día en campos como el de la medicina en prótesis tan cotidianas como puede ser un marcapasos.

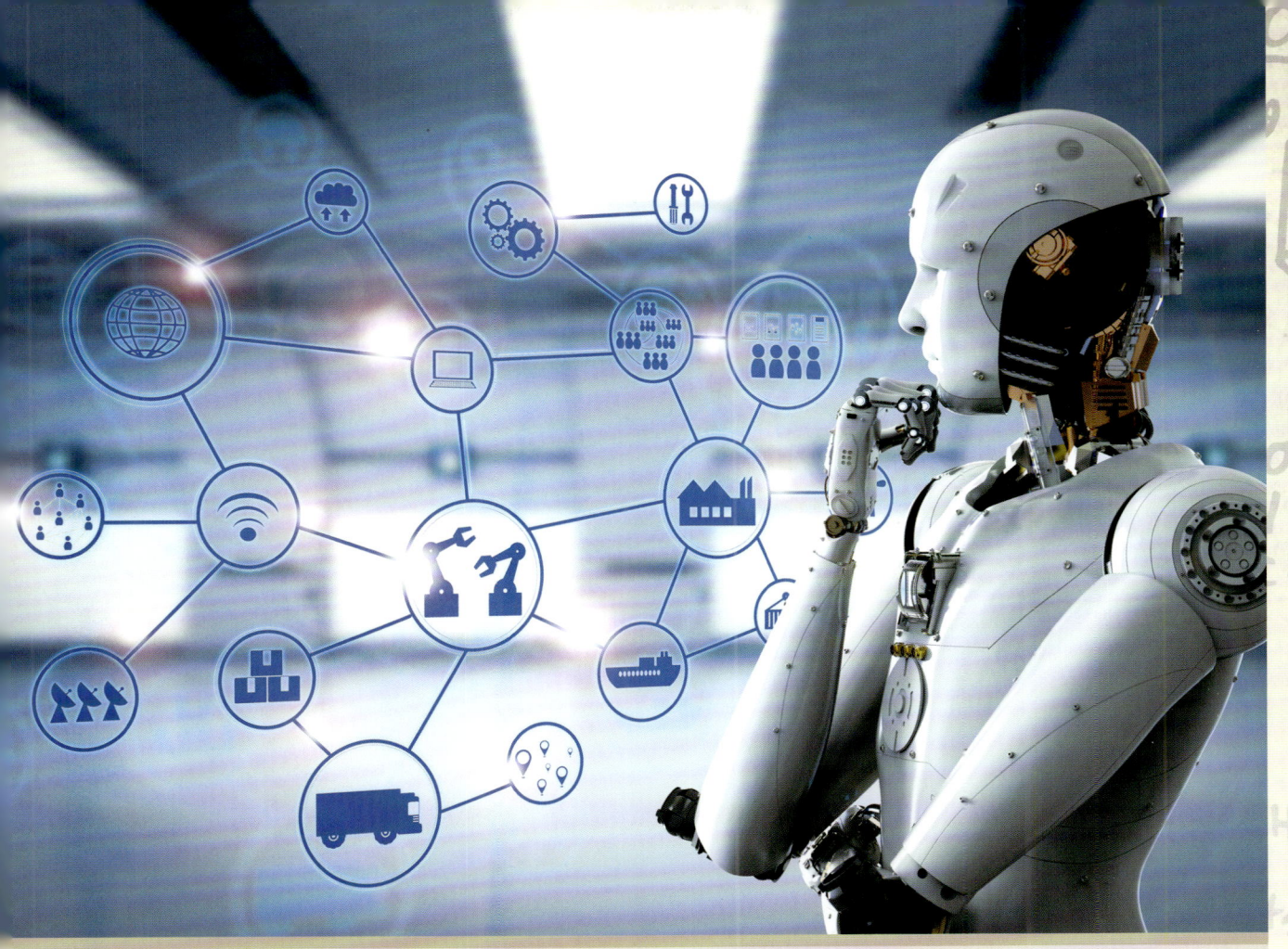

El paso al Cyborg

Un Cyborg es un organismo formado por una parte biológica y otra parte tecnológica que imita las posibilidades de un ser humano. Así, podríamos pensar en ratones de laboratorio Cyborg, y otros experimentos de estudio. El tema se complica cuando aparecen los sistemas sociales característicos de los primates –humanos– y su psicología que, combinado con las mejores prestaciones de las máquinas, da como resultado una especie de ser híbrido.

La *inteligencia artificial* permite el desarrollo de sistemas capaces de realizar acciones que precisan tomar decisiones y al mismo tiempo, la programación de los individuos desde su propio interior; es decir, por sí mismos. El objetivo es mejorar las prestaciones que son similares a las humanas y para ello, se han añadido sensores que posibilitan el tacto artificial y la visión; es decir, sujetos capaces de reaccionar al medio externo y a sus estímulos.

INCOMPATIBLE. La ciencia tropieza con la realidad: todavía no nos conocemos a nosotros mismos lo suficientemente bien

15 ¿Cómo observar ciclones y tifones?

Ver fenómenos meteorológicos

La interrelación ciencia-tecnología permite que la ISS (Estación Espacial Internacional) sea el lugar privilegiado para estudiar estos fenómenos.

Los ciclones que se convierten en huracanes y tifones a veces evolucionan asolando las zonas costeras próximas a los lugares donde se originan, con vientos de más de 300 km/h. Las regiones a las que se circunscriben los *huracanes,* que son el Atlántico norte, incluido el mar Caribe y el golfo de México y también algunas zonas del Pacífico norte, tienen el dudoso honor de soportar este impresionante fenómeno atmosférico con tanta capacidad destructora, así como las áreas del Pacífico donde se suelen conocer como *tifones,* aunque en estas últimas áreas sus efectos son aún más devastadores.

El fenómeno tiene lugar porque el Sol calienta el mar y al evaporarse el agua, se forman tormentas por el efecto calorífico. El aire caliente se eleva en las regiones centrales en un proceso que se denomina convección (similar al que tiene lugar en las calefacciones de los edificios). En el caso de los océanos, el ascenso del aire cálido crea una bajada de presión en esa zona, y a su vez el aire que la rodea con menos presión se mueve hacia su centro. Como la Tierra gira, este aire, que la zona de bajas presiones succiona, no se mueve en línea recta, porque la fuerza debida a la rotación llamada «de Coriolis», desvía la dirección del movimiento de la masa de aire realizando un movimiento en espiral que la fricción convierte en circular.

La rotación de la Tierra es responsable de su forma circular

Los ciclones extraen su energía del mar, sobre el cual se mueven, por el descenso de la temperatura del mar por donde pasa. Se denomina *huella fría,* y se detecta por observación en superficie y por satélite. A su vez, si el ciclón se detiene sobre una región durante un tiempo, se debilita, porque el agua, al enfriarse, le hace perder energía. Si se mueve el tiempo suficiente por aguas calientes, la presión sigue disminuyendo, y la velocidad del viento va aumentando.

Aire frío e inestable de alta presión
Bandas de lluvia
Ojo
Pared del ojo
Viento en espiral
Dirección huracán
Aire de baja presión
Converge aire caliente y húmedo

Ilustración de una sección transversal que nos muestra cómo se comporta un huracán.

Tecnología aeroespacial: herramienta de observación meteorológica

El desarrollo de los ciclones tropicales, tanto los huracanes como los tifones, depende fundamentalmente de su trayectoria, así como de las condiciones meteorológicas que encuentra en su recorrido. Para mantenerse necesitan suministro de energía que obtienen de las grandes masas de agua con temperaturas elevadas, y condiciones favorables de los vientos. La Estación Espacial Internacional ha contribuido notablemente a mejorar el conocimiento de la evolución de muchos fenómenos meteorológicos adversos además de proporcionarnos imágenes tan hermosas como impresionantes.

> **# LAS NUEVAS TECNOLOGÍAS.** Nos ayudan a prever fenómenos meteorológicos adversos y hacerles frente con más eficacia

16 ¿Se extinguen los bosques?

¡Peligrosa deforestación!

La hojarasca del sotobosque es un mundo lleno de vida: desempeña un papel esencial en el equilibrio vital planetario.

En sentido científico, el bosque es el territorio de más de 0,5 hectáreas, cubierto como mínimo por el 10% de árboles de una altura potencial de al menos 5 m. Y la deforestación es por tanto la pérdida de bosque por debajo del 10% de la masa forestal. Los bosques primarios son de especies autóctonas, donde los procesos *bióticos* (los asociados a la vida) y *abióticos* (otros tipos de procesos naturales) se desarrollan espontáneamente.

No hay que olvidar que la pérdida de bosque es una amenaza para que algunas especies más delicadas de árboles sobrevivan. En ocasiones, el desastre ambiental originado por la deforestación alcanza grandes dimensiones en continentes como África. De hecho, en los últimos decenios, el continente africano ha perdido dos tercios de los bosques tropicales, este hecho es terrible no solo para este continente, sino a escala planetaria. Entre las causas naturales de la deforestación es posible considerar huracanes, incendios, parásitos, aluviones y otros procesos. En lo que se refiere a las actividades humanas, cabe señalar la expansión de la agricultura, la cría de ganado, la recogida de leña, la extracción de petróleo y otros procesos, como algunos tipos de construcciones y los desarrollos de infraestructuras.

La deforestación interviene directamente en el cambio climático

Las intervenciones humanas más desfavorables para los bosques son las de tipo permanente (infraestructuras o agrarios) pues, además de la pérdida de bosque y cubierta vegetal, se originan problemas para la vida animal del ecosistema. Por otra parte, la tala indiscriminada de árboles con el fin de obtener celulosa y pasta de papel resulta especialmente dañina en el caso de árboles centenarios.

La introducción de especies de rápido desarrollo con intereses industriales suele romper el equilibrio del suelo.

El bosque y el ciclo del agua

Conviene recordar también que los bosques desempeñan un papel esencial en el ciclo del agua; así, la deforestación afecta a la composición de la atmósfera a escala local y global y en consecuencia, contribuye al cambio climático y al efecto invernadero. Tengamos en cuenta que cada árbol produce de media 20-30 litros de oxígeno al día, que lanza a la atmósfera para nuestro beneficio. En particular, debemos saber que un bosque tropical fabrica aproximadamente 28 toneladas de oxígeno anual por hectárea, un verdadero pulmón que necesitamos para sobrevivir.

El bosque preserva la calidad del suelo y previene aluviones y deslizamientos de terreno en zonas montañosas o en pendiente, las raíces de los árboles y la vegetación ayudan a mantener la humedad del suelo y el humus que otorga el equilibrio del medioambiente.

DESEQUILIBRIO. La tala masiva y la pérdida de masa vegetal rompe el delicado equilibrio planetario

17 ¿Dónde estás?
De la radionavegación al GPS

Los dispositivos de comunicación inteligentes interconectan posiciones lejanas entre sí, incluso sin estar en una localización fija.

El origen de estas facilidades de comunicación hay que buscarlo al inicio de la pasada centuria; la radionavegación empezó a usarse porque posibilitaba determinar la posición mediante ondas de radio, primero de los buques y otras embarcaciones y más tarde también de los aviones. El navegador opera de modo similar a la triangulación sobre la superficie terrestre para referenciar. Es decir, mide la dirección de al menos dos radiofaros con un radiocompás y los datos que obtiene los sitúa en un mapa. La intersección indica la posición probable. En la actualidad, la radionavegación es un método auxiliar para solucionar posibles desajustes del GPS.

En 1995 se puso en funcionamiento el Global Positioning System (GPS), sistema americano diseñado para uso militar durante la guerra fría. El hecho interesante es que ha resultado ser imprescindible en el mundo civil, donde tiene muchísimas aplicaciones, desde la navegación marítima, hasta la locación de vehículos pesados. El equipo de GPS estuvo formado inicialmente por 24 satélites a una altura de 20.200 km en órbita terrestre, en la actualidad cuenta con varios elementos más.

Gracias al GPS nunca nos sentimos perdidos, pero ¿sabemos cómo y por qué funciona?

Su principio de funcionamiento es muy similar a la triangulación que usan los cartógrafos y los topógrafos. Lo que ocurre es que los triángulos de cimas montañosas y torres es sustituida por satélites cuya posición orbital está perfectamente ordenada. El GPS busca la distancia que nos separa de un satélite. Nuestra posición está en una esfera en cuyo centro se sitúa el satélite. Lo mismo se efectúa con el otro satélite. La intersección de las dos esferas es un círculo. Se usa un tercer satélite para determinar dos puntos, uno de los cuales se eleva sobre la superficie terrestre en el otro hemisferio. En la práctica, para ajustar la posición se usa un satélite más de seguridad. El usuario desde la Tierra recibe la señal, que llega en forma de señales de microondas.

La precisión del GPS depende de muchos factores: la posición de los satélites, obstáculos en la trayectoria, etc.

Otras utilidades de las radiondas

Las ondas de radio tienen también numerosas aplicaciones para el seguimiento biológico de bastantes especies animales. La miniaturización de los sistemas electrónicos hace viable emisores de radio de poco peso. Esto sirve para que los biólogos puedan instalar emisores sobre algunos animales y observar sus desplazamientos, en un sistema menos costoso que la observación vía satélite, aunque tiene también algunos inconvenientes, por ejemplo la instalación del sistema sobre los animales, o la duración de las baterías del dispositivo.

En nuestro día a día, las radiondas nos ofrecen todo tipo de servicios, desde poder escuchar la radio hasta poder disponer de una ruta en el teléfono móvil cuando vamos al campo, pasando por los dispositivos de los corredores para saber cuántos kilómetros y a qué velocidad corren.

COTIDIANO. El uso más conocido de los satélites artificiales es su intervención en los mecanismos GPS

18 ¿Qué es la superconductividad?

¡Materiales con súperpoderes!

La superconductividad ha hecho posible desde trenes que levitan hasta aceleradores de partículas... ¿Magia? ¡No! ¡Ciencia!

La superconductividad es un estado de los materiales electromagnéticos que pone de manifiesto el comportamiento *cuántico* (es decir, la escala de constituyente íntimo de la materia) de ciertos sólidos, con efectos cuánticos macroscópicos observables, algo infrecuente. Fue descubierta por el físico holandés H. K. Onnes en 1911 (recibió el premio Nobel en 1913), que observó este fenómeno o sorprendente estado de la materia al comprobar que la resistencia eléctrica del mercurio desaparece a -269,1 °C; es decir, 4,1 K.

En la imagen de arriba, una demostración de superconductividad a través de un material especial refrigerado con nitrógeno líquido.

Se puede transportar una supercorriente eléctrica a cualquier distancia sin sufrir pérdidas

Así pues, ya tenemos una característica: la superconductividad es un fenómeno que se observa a bajísima temperatura, y la temperatura a la que se pone de manifiesto este fenómeno se denomina temperatura crítica *(Tc)*. En esta fría situación, la electricidad fluye en los materiales que no oponen ninguna resistencia a este fluido.

Imaginemos que la supercorriente atraviesa un hilo cerrado sobre sí mismo; es decir, no hay un sumidero en algún lugar. En este caso fluirá continuamente. No obstante hay que tener en cuenta que existe un valor máximo de la supercorriente, que se llama corriente crítica *(Ic)*, que en la práctica limita la cantidad de supercorriente que se puede transportar. Por encima de este valor la materia vuelve al estado de conductividad eléctrica normal. La fase superconductora se caracteriza por un segundo efecto que siempre está asociado con el anterior: es el de la eliminación del campo magnético en el interior (efecto Meissner, 1933). Pero aquí se produce otra limitación: existe un valor crítico del campo magnético *(Bc)* por encima del cual el material ya no es capaz de eliminarlo y todo vuelve al estado normal de conducción eléctrica. Esto significa que el valor del campo magnético producido por un imán superconductor tiene un valor máximo.

¿Dónde hay superconductores?

Los imanes superconductores se utilizan, por ejemplo, para sustentar los trenes que se desplazan levitando; también en medicina para construir las máquinas hospitalarias que sirven para realizar resonancia magnética nuclear; o en el direccionamiento del haz que se lanza en un acelerador de partículas. También se emplean para la separación magnética, en donde partículas magnéticas débiles se extraen de un fondo de partículas con magnetismo imperceptible o incluso no magnéticas, es un proceso conocido en las fábricas de pigmentos.

Son útiles las aplicaciones en la telefonía móvil, en los circuitos digitales, y en filtros electromagnéticos. Se producen otras aplicaciones mucho más técnicas y en el futuro seguramente encontraremos muchas más.

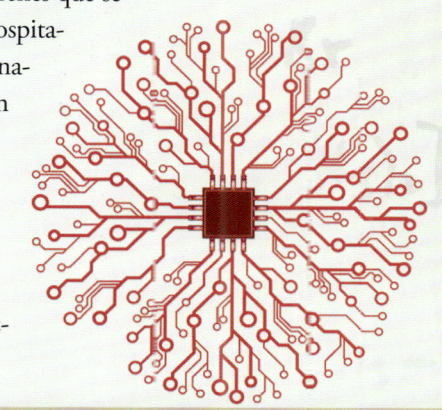

 # TEMPERATURA Y CAMPO MAGNÉTICO. Estos dos factores dependen del tipo de material

19 ¿Para qué sirve la relatividad?

El espacio-tiempo o la fuerza

Las nociones de "empujar" y "tirar de" explican los fenómenos físicos que conllevan movimiento, lo cual conduce a explicar las cosas en términos de fuerza.

Por ejemplo, Newton nos explicó el mundo enseñándonos que la Tierra gira alrededor del Sol porque la estrella ejerce una fuerza gravitacional sobre nuestra planeta. Sin embargo, en la mirada relativista del mundo, el movimiento de un cuerpo no está explicado por fuerzas: el origen del movimiento de la Tierra está en una perturbación del espacio-tiempo introducido por la masa del Sol. Esta segunda explicación tiene la ventaja de que corrige algunas anomalías que se observaban en la teoría de Newton.

Un ejemplo que nos acerca a la idea: el espacio, en relatividad general, visualmente puede aproximarse como una malla elástica, formada por hilos que son los rayos de luz. La presencia de una estrella se puede simular poniendo una piedra grande en este tejido. Esta piedra se cae en el tejido, lo deforma y crea una depresión.

En definitiva, Einstein dijo lo mismo que Newton, pero de otro modo... Fantástico, ¿verdad?

¿Qué ocurre cuando un cuerpo de menor tamaño pasa en las proximidades de la estrella? Hagamos rodar una bola en el tejido: la trayectoria inicial sigue un camino recto, pero al pasar la bola por la proximidad de la piedra, entra levemente en la depresión. Entonces su trayectoria se desvía; es decir, se curva. En esta red elástica formada por hilos de luz, el movimiento de la piedra no viene dirigido por una fuerza, sino por la forma del espacio o, con más precisión, por la curvatura del espacio.

La visión del mundo de Einstein es muy diferente de la de Newton; sin embargo, a efectos prácticos en la vida cotidiana, las dos teorías ofrecen resultados casi idénticos. Las diferencias no aparecen más que en condiciones extremas, para cuerpos que se desplazan casi a la velocidad de la luz o para los que originan campos de gravedad muy potentes.

En la imagen podemos observar de forma esquemática cómo la curvatura del espacio dirige el movimiento de la bola.

La mecánica celeste clásica, con la Ley de la Gravitación Universal de Newton, explicaba casi todos los movimientos del Sol y los planetas, pero las pequeñas desviaciones de Mercurio solo encontraron una explicación cuando Einstein formuló su Teoría de la Relatividad General. A partir de ese momento, la manera de entender el pequeño gran Universo que nos rodea cambió por completo.

La fuerza y la red

La relatividad general abandona la noción de fuerza y la reemplaza por la de curvatura del espacio-tiempo. Los cuerpos celestes adoptan las trayectorias que la distribución de materia determina. Alejados de objetos materiales, la curvatura del espacio-tiempo es nula y las trayectorias no se modifican. En otras palabras, cerca de un cuerpo con gran masa como el Sol, el espacio-tiempo se deforma y los cuerpos se desplazan según curvas.

La relatividad general proporciona un método para calcular la curvatura del espacio creado por una distribución de masa. Esto lo hace mediante un sistema muy complejo de fórmulas matemáticas, las ecuaciones de Einstein, que relacionan curvatura del espacio-tiempo y distribución de masa. Este sistema es tan complejo que no ha sido resuelto más que en algunos casos de configuraciones muy simples, por ejemplo alrededor de una estrella aislada.

GRANDES SABIOS. Dos grandes científicos como Einstein y Newton llegaron a las mismas conclusiones

20 ¿Qué es un dron?

Robots que «aprenden» a volar

El sueño de un robot volador no es una fantasía, sino una realidad de la sociedad actual con multitud de aplicaciones prácticas por su dotación tecnológica.

Hace algún tiempo que, además de ser un objeto de estudio experimental de ingenieros avanzados que desarrollan herramientas volantes muy útiles fascinados con sus múltiples posibilidades, el mercado comenzó a ver sus aplicaciones prácticas y sus atractivos potenciales de desarrollo.

A imitación de las aves, ya se han probado robots estables en vuelo batiendo las alas

Para idear máquinas voladoras robóticas, los investigadores se han servido de los conocimientos de navegación aérea que proporciona la aeronáutica y han observado los organismos naturales que están dotados para volar. Así están creando los primeros artefactos que imitan el vuelo de los organismos vivientes, lo que los expertos denominan vuelo bio-inspirado o bio-mimético, aunque todavía hay que superar algunas dificultades científico-técnicas y realizar algunos perfeccionamientos generales, además de los específicos para cada propósito.

Los científicos han observado que las aves, durante el vuelo, se sirven del aleteo para el equilibrio entre el empuje y la sustentación. Sin embargo, en las máquinas voladoras que desarrollan los seres humanos, se separan estas dos tareas: con el motor se produce *empuje* y con alas fijas se produce *sustentación*.

De manera que vemos que lo que está en estudio es el uso de robots que, imitando a las aves, baten alas, sirviéndose da las posibilidades técnicas que da la miniaturización de los dispositivos electrónicos. La diferencia es que los músculos de las alas robóticas que producen las fuerzas están construidos a base de elementos piezoeléctricos; es decir, que se estimulan eléctricamente por tensiones mecánicas.

Los drones casi parecen un juguete, pero han revolucionado el mundo militar y civil en muy pocos años.

¡Drones submarinos!

Otra modalidad interesante con multitud de aplicaciones, tanto científicas como de estudios arqueológicos y militares, son los drones buceadores; en estos casos la idea de las exploraciones submarinas mediante robots que puedan actuar bajo la superficie marina es muy atractiva, aunque hay que subrayar problemas en las comunicaciones tanto con los humanos de la superficie como con otros drones.

Para solucionar este asunto de la comunicación y la interacción se trabaja en la creación de internet submarino, pero para que estas mejoras se puedan llevar a cabo hay que superar dificultades científico-técnicas del tipo de que las ondas electromagnéticas no se propagan a pocos centímetros bajo la superficie. Esta es la razón por la que se está pensando en combinar varias tecnologías mixtas: ondas acústicas, haces luminosos, y otras soluciones más creativas que impliquen también la conexión vía satélite.

 # DRONES SUBMARINOS. Esta tecnología puede estudiar la actividad volcánica y la historia geológica de la Tierra

21 Sistemas complejos: ¿En todas partes?

Lo complejo en lo cotidiano

En muchos campos científicos se observan sistemas complejos asociados a procesos relacionados con fenómenos vitales, abordados desde una perspectiva altamente matematizada.

Veamos ejemplos: los mercados financieros y la economía a escala humana, las redes de transporte de alta velocidad, de telecomunicaciones, las sociales, las de los sistemas inmunológicos, incluso las de los insectos sociales. Las características definitorias de un sistema complejo emergen del gran número de entidades interconectadas que lo conforman, las cuales interactúan mostrando gran riqueza de propiedades a escala global, un número mucho mayor del que se podría inferir de las propiedades y conductas de las entidades individuales que lo integran.

Los sistemas complejos se estudian en multitud de ramas de las ciencias

Para abordar estos estudios interdisciplinares es conveniente modelizarlos. En los casos en que convienen los modelos discretos (usan objetos simples sencillos que interactúan localmente), la modelización se efectúa con buen resultado mediante *autómatas celulares*. Los modelos así construidos se tratan como laboratorios digitales simples que sirven para estudiar fenómenos propios de ciertos sistemas complejos como son los procesos de autoorganización, la formación de huellas, la cooperación,

Un ecosistema es un sistema complejo, ya que está formado por un conjunto de organismos vivos y su medio físico.

la adaptación, la competición, los atractores, o los fenómenos multiescala.

Otro tipo de sistemas complejos se trabaja mediante el *modelado basado* en agentes, los agentes funcionan como un conjunto de individuos autónomos, en un determinado entorno que permiten concluir los efectos que producen en el sistema global. Esta vía proporciona una herramienta muy potente de análisis que se usa para estudiar desde procesos económicos hasta biológicos, políticos, de gestión y de coordinación de organizaciones.

Todos los caminos llevan a Roma

Un método de trabajo valioso en gran variedad de problemas ampliamente extendidos es el de los *caminos aleatorios,* o Random Walks, (RW) estas «rutas azarosas» aparecen en estudios de la naturaleza a cada paso, emergen al describir el movimiento de partículas microscópicas, tales como bacterias o granos de polen, cuyo movimiento se rige por las colisiones con las moléculas en los fluidos que las rodean.

Al discutir matemáticamente los paseos aleatorios (cualitativamente y cuantitativamente), se observa que si se calcula una distribución de probabilidad se ve que a largo plazo es independiente de los detalles microscópicos de los movimientos al azar. Nuestra intención no es la de confundir al lector, pero aunque la idea no se corresponda con la de «todos los caminos llevan a Roma del mundo macroscópico», en realidad resulta de lo más evocador.

> **# UTILIDAD FINANCIERA.** Las fluctuaciones económicas se analizan con el método Random Walks

22 ¿Hay vida en otros planetas?

Estudios de Astrobiología

En nuestro sistema no parece haber vida, pero quizá en algún satélite planetario podría habitar alguna bacteria u organismo extremófilo.

La ilusión humana de encontrar formas de vida reconocibles, rocas parecidas a las nuestras, agua o buen tiempo responde al interés por encontrar «amigos» y al de poder mudarnos en caso de necesidad. En nuestro vecindario nos gustaría que Marte fuera acogedor, pero ya sabemos que en todo caso tendría que ser bajo la superficie, al igual que bajo la superficie helada de Europa, Encelado, Titán, Ío o Tritón; en fin, en los satélites de nuestras vecinas gigantescas bolas de gas. Todos estas posibilidades, sin embargo, se refieren como mucho a formas de vida muy básicas.

Sin embargo, quién sabe si los planetas exteriores a nuestro sistema, los que se denominan exoplanetas, esas esferas gigantescas, podrían contener organismos vivos, lo cual da lugar a algunas preguntas de tipo: ¿cuántos planetas lejanos descubiertos podrían albergar vida?

En el Sistema Solar no parece viable que se dé un tipo de vida desarrollado

Primero hay que saber que muchos planetas extrasolares encontrados tienen dimensiones similares a Júpiter, aunque tan cerca de su estrella como Mercurio del Sol. Pero nuestros curiosos científicos aficionados siempre están preparados para sorpresas y ya saben que los sistemas planetarios en torno a púlsares –que son remanentes de supernovas– se asemejan mucho más a los planetas rocosos, aunque son mundos oscuros unidos gravitacionalmente a estos cuerpos. Se piensa que su posible origen es la acumulación del material tras la explosión de la estrella.

La existencia de planetas extrasolares similares al nuestro, que vamos constatando y localizando, tarde o temprano y poco a poco, se irá delimitando, algo que nos llena de alegría y nos alienta a continuar.

Ilustración que muestra la posible apariencia para el planeta HD 219134b, el exoplaneta rocoso confirmado más cercano que se encuentra fuera de nuestro Sistema Solar.

La misión Kepler de la NASA ha confirmado la existencia del planeta Kepler-452b un planeta que orbitaría una estrella parecida al Sol, que puede verse en la ilustración idealizada en una comparativa con nuestro planeta. Es un 60% más grande que la Tierra, pero se plantea la posibilidad de una temperatura similar y la existencia de agua. Sin embargo, su estrella tiene 1.500 años más que nuestro Sol.

Hasta la inteligencia y más allá

El tipo de vida terrestre requiere un planeta situado en una zona restringida en las proximidades de su estrella, unas características estructurales determinadas, y un ambiente idóneo, una inclinación concreta del eje de rotación, lo que da lugar a las estaciones, una química orgánica basada en el carbono, una cantidad limitada de radiación, una distancia máxima hasta su estrella no superior a cinco veces la distancia de la Tierra al Sol, lo cual incluiría a Marte. Un problema con el que se encuentran los astrónomos a veces es distinguir la luz que procede de la estrella que alberga, de la del planeta, lo que permitiría individualizar y analizar los dos objetos por separado y así buscar las señales características de la vida, como el oxígeno molecular. En ese sentido es importante la colaboración de la biología y de la geología planetaria para ayudarnos a reconocer las posibilidades de existencia de vida.

> **# VIDA MÁS ALLÁ.** Las casualidades que han dado lugar a la vida en la Tierra nos hacen pensar que es difícil hallar otro planeta como el nuestro

23 ¿Se parecen un árbol y un cristal de hielo?

Fractales: belleza geométrica

Árboles, nubes o costas son objetos naturales con una forma geométrica denominada "fractal", cuya característica es la "auto-similaridad".

Los objetos fractales comparten unas propiedades geométrico-matemáticas entre las cuales la más sobresaliente a la vista consiste en la independencia de la escala a la que la consideremos; esto es, que no hay una longitud típica o una escala espacial o de tiempo que acote o capture sus características o propiedades, y por debajo o por encima de la cual estas cualidades no tienen por qué permanecer.

Los objetos fractales tienen la característica de que sus partes son siempre similares a sí mismas en todos los tamaños y escalas.

En la escuela enseñan que la dimensión de las cosas, es un número entero (1, 2, 3), lo que se denota como dimensión topológica. En los objetos fractales la idea de dimensión adquiere otra perspectiva: un objeto fractal puede tener, por ejemplo, dimensión 1,6.

Fijémonos en los árboles, están hechos de ramas principales, que a su vez están formadas de ramas secundarias, que están constituidas por pequeñas ramitas, etc. Los fractales son similares sea cual fuere la escala a la que se observen desde las formas muy grandes a las más diminutas.

La dimensión de los objetos fractales se calcula con métodos distintos de la dimensión topológica

Pero los objetos fractales no solo sirven para describir objetos físicos, también son útiles en otros casos; como si se quieren observar distribuciones resultantes de procesos que tienen lugar en el espacio y en el tiempo. Por ejemplo, la magnitud de los terremotos, la frecuencia de las palabras en un libro, el tamaño de las ciudades, el número de enlaces a páginas web, y otra gran variedad de sucesos y objetos naturales. La relación entre el tamaño corporal y las constantes vitales, la energía, lo que llaman la escala metabólica. Estos fenómenos matemáticamente se dice que funcionan como leyes de potencias, y que son fenómenos de escala porque mantienen una relación estadística que permanece invariable a todas las escalas.

Fractales en la naturaleza y en los fenómenos sociales

Los matemáticos, en colaboración con los sociólogos, han encontrado aplicaciones en sistemas sociales, o en los problemas de escala en las ciudades. El matemático Mandelbrot se dio cuenta de que algunas veces es muy difícil o imposible describir la Naturaleza usando solo la geometría de Euclides, la de siempre, hecha de rectas, círculos, poliedros regulares como cubos, prismas, pirámides, conos, etc. Por ejemplo, a ojo podemos mirar una nube que se parece a una forma esférica, o una combinación de varias esferas que se tocan, se rompen, se superponen. Ahí fue donde Mandelbrot pensó que la geometría fractal y por tanto los objetos fractales, podrían usarse para describir geométricamente los rayos, las costas y algunos objetos cosmológicos.

 # FRACTALES. Son objetos matemáticos que tienen una correspondencia con objetos y procesos naturales

24 Biología e informática

Una encrucijada de caminos

La bioinformática es un encuentro cordial entre biología, informática y otras tecnologías, que resulta en una cooperación muy beneficiosa.

Pero ¿qué «ingredientes» conforman esta nueva ciencia?, como si se tratara de un plato fantástico creado en un congreso de top chef científico, vemos que se sirve de métodos matemáticos, estadísticos y computacionales para analizar datos biológicos, bioquímicos y biofísicos y comprender los procesos en los que estos componentes participan y lo que aportan.

La herramienta de trabajo del bioinformático es el ordenador

Los principales objetos de estudio de la bioinformática son las llamadas macromoléculas, entre las cuales quizá una de las más relevantes es el conocido ADN, aunque también están las proteínas. La proliferación de técnicas cada vez más económicas y eficaces han hecho apasionante el estudio y el trabajo de los expertos en esta nueva rama científica. Para ejercer su trabajo, el bioinformático usa el ordenador, que recoge, consulta y analiza los datos biológicos.

Es posible distinguir tres aspectos principales que conforman y dan sentido al proceso:

a) Desarrollo e implementación de instrumentos que conserven, analicen y gestionen información.

b) Análisis e interpretación de los datos para aislar informaciones relevantes (por ejemplo, buscar la recurrencia de ciertas secuencias en diferentes genes o construir modelos tridimensionales de proteínas a partir de la secuencia proteica).

c) Desarrollo de nuevos algoritmos e instrumentos de estadística para verificar la relación entre un gran número de objetos (por ejemplo datos y resultados de análisis de cientos de miles de secuencias de ADN). Este hecho es de gran ayuda para elaborar y desarrollar información biológica relevante.

Un ejemplo del uso de la bioinformática: secuenciación de proteínas mediante análisis del cordón de la secuencia de ADN.

¿Qué pasa cuando biología e informática se encuentran?

Pues, por ejemplo, que laboratorios de todo el mundo pueden consultar bases de datos reales, pueden acceder al análisis de los datos que se obtienen de los experimentos de expresiones genéticas en cierto momento; la confrontación de genes diferentes para el estudio de sus funciones. El software que producen los bioinformáticos, permite modelizar y simular situaciones complejas, por vía de los mensajes químicos en las células, que posibilita señalarlas y así impedir que se propaguen a otras células mensajes poco convenientes; por vía metabólica: sistemas implicados en el control de la creación y destrucción de sustancias en el interior de las células; la regulación genética, es decir, el sistema complejo que gobierna el genoma o al menos partes importantes del genoma para desarrollar funciones. Una posibilidad de estudio consiste en predecir la estructura tridimensional de las proteínas, de las cuales depende su función, y la secuencia de los aminoácidos (compuestos químicos) que la forman, basándose en el análisis de similitud con otras proteínas.

 # UTILIDAD. El cruce de ambos saberes da como resultado un mejor análisis en la investigación científica.

25 ¿Energía solar para iluminar la noche?

¿Calefacción solar nocturna?

La energía solar que todo el planeta comparte y que puede usarse de modo descentralizado es inagotable al menos a la escala humana.

Por el contrario, las fuentes fósiles se están agotando y cada año cuesta más obtenerlas. Otras circunstancias medioambientales también limitan la posibilidad de hallar nuevas soluciones. Mediante la tecnología *fotovoltaica* (palabra compuesta que alude al origen solar de la producción de electricidad), es posible que los consumidores de energía sean capaces de producir gran parte de la que necesitan. Para mantener la vida en el planeta es necesario que se utilice de modo eficiente y, por otra parte, el mundo contemporáneo es inviable sin energía.

El Sol es una fuente de energía limpia e inagotable

Además del evidente problema del agotamiento, se produce también un efecto no deseable a partir del hecho de producir energía en grandes cantidades partiendo de materias primas como el petróleo, el carbón, el gas... En fin, de las energías fósiles, y no debemos tampoco olvidar la energía nuclear. Este efecto es el de la contaminación medioambiental. Hemos de tener mucho cuidado con no romper el equilibrio en nuestro planeta, evitando contaminar el aire, el agua, o el propio suelo para evitar al mismo tiempo la desaparición de ecosistemas, especies vivas o la generación de catástrofes naturales.

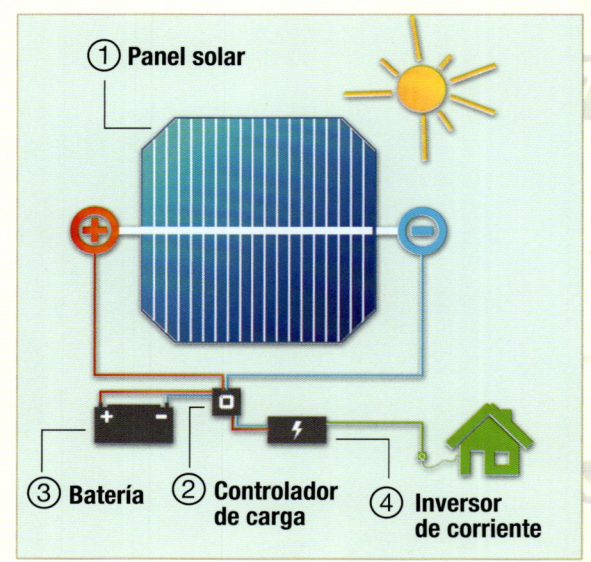

Esquema del sistema utilizado en una casa equipada para el aprovechamiento útil de la energía solar.

La energía solar que el Sol proporciona diariamente al planeta es miles de veces superior a la que necesita la humanidad y además, mucho más limpia, y en su uso nos arriesgamos menos. Esto es interesante porque a medida que la humanidad y sus necesidades de energía crecen, es importante que los logros de nuestra vida actual no se pierdan por conductas erróneas. Ahora existe la posibilidad de resolver los problemas energéticos de manera sostenible a escala planetaria.

Células solares

Para transformar la energía solar en electricidad se utilizan los dispositivos llamados *células solares*, consistentes en capas delgadas de silicio. Este material tiene la ventaja de encontrarse muy abundante en la naturaleza, por ejemplo se halla formando parte de la arena. También se producen con otros compuestos químicos que resultan más eficientes aunque sean menos abundantes, por ejemplo el arseniuro de galio, tocos se construyen mediante delicados y precisos tratamientos químicos y físicos que, unidos en serie, configuran ur módulo fotovoltaico.

Realización práctica de un módulo fotovoltaico: la parte expuesta al Sol se presenta recubierta con fibra de vidrio, que los protege de golpes; inmediatamente debajo están las células unidas para producir las prestaciones eléctricas que se buscan, y estas se apoyan en un módulo de plástico muy resistente; un marco de aluminio anodizado, resistente a la corrosión, cierra el conjunto.

PANELES «FOTOVOLTAICOS».
Son dispositivos que transforman la energía recibida del Sol en energía eléctrica

26 ¿Qué es un espejismo?

La refracción de la luz

Un espejismo terrestre se explica por la propiedad geométrica de la luz (la refracción) en la superficie de contacto de diferentes medios.

Viéndolo más detalladamente, en muchos materiales sólidos y líquidos, la luz se mueve a menor velocidad que en el vacío; cuanto más traslúcido sea el medio material, la velocidad de la luz será mayor, y cuanto más opaco sea, la luz viajará más lenta, por eso en un medio no homogéneo (de distinta densidad), ni isótropo (donde no todas las direcciones son equivalentes), los rayos de luz que inciden oblicuamente cambian su dirección. En estos medios el índice de refracción (o cambio de dirección) es mayor que 1; por ejemplo, el índice de refracción del agua es 1,3; el del diamante, 2,4, etc. En los gases, el índice de refracción es próximo a 1 y además depende de su temperatura. Esto produce un efecto sorprendente: la curvatura de la luz y los *espejismos*.

Un espejismo se produce por el cambio direccional de los rayos de luz

En general, se forman dos tipos principales de espejismos:

- Los *espejismos superiores*, que ocurren en las zonas de la atmósfera donde las capas de aire frío quedan por debajo del aire caliente, siempre por encima del objeto real y del observador.

- Los *espejismos inferiores*, originados en las zonas calientes de aire que se hallan pegadas a la superficie terrestre donde el aire caliente queda más bajo que el aire frío. En estos casos, la imagen del espejismo también se ve invertida por debajo del objeto real y del observador. Esto ocurre, por ejemplo, cuando observamos un espejismo en el que en una carretera parece estar llena de agua, cuando en realidad es el cielo.

Espejismo inferior: la imagen de la palmera se ve invertida bajo el objeto real por un observador que está de pie.

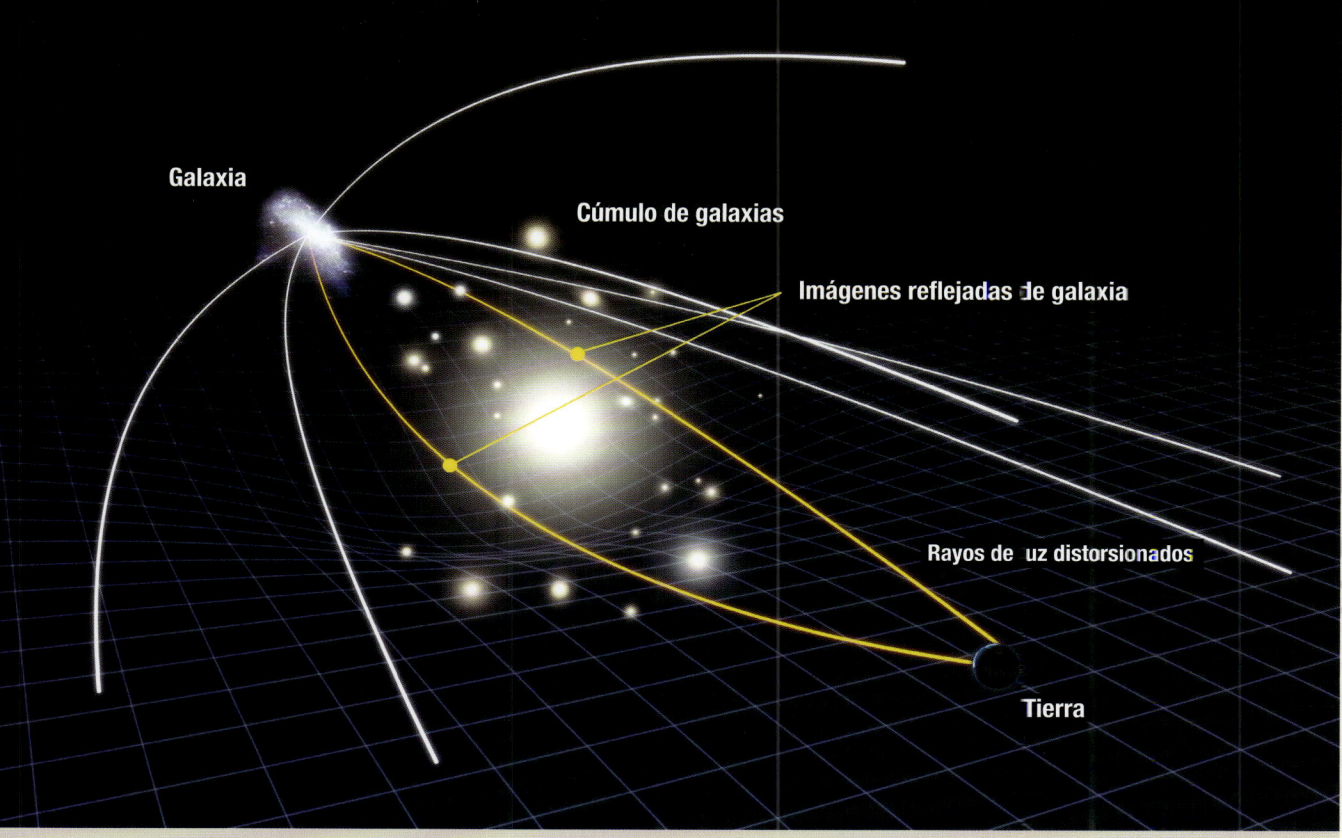

En 1979 un grupo de astrónomos descubrió por casualidad un espejismo gravitacional en el cielo. Un cuásar poco brillante actuaba como lente gravitacional ofreciendo este extraordinario fenómeno, nunca antes visto.

El cielo y sus espejismos

El astrónomo G. Lemaître ya se dio cuenta en el siglo pasado de que el universo, en toda su belleza y majestuosidad, es hermoso y está plagado de «trampas» luminosas y elegantes que nos enseñan y nos advierten de que hay que estudiar con cuidado el mundo exterior.

El fenómeno de los espejismos en el espacio se produce porque la luz procedente de los astros, galaxias y objetos más lejanos, en su «viaje» se ve obligada a realizar toda clase de desvíos, distorsiones y descomposiciones originados por los cuerpos y sustancias (visibles o «invisibles») que deforman el espacio-tiempo. Esto, que puede parecer un inconveniente, en realidad enseña a los estudiosos y los astrónomos a comprender fenómenos, a ver cuerpos celestes poco conocidos, y a entender otros fenómenos naturales que habían sido predichos por la teoría de la relatividad en el siglo XX y que en gran medida están siendo observados.

ESPEJISMOS. Tanto en la Tierra como en el espacio, se producen fenómenos inesperados que nos pueden llevar a engaño

27 ¿Se puede saber la edad de todo?

La datación por carbono

La datación por carbono se ha hecho tan popular, ayudada por la prensa y las películas, que muchos creen que podemos saber la edad de todo.

El carbono 14 (o C14, ya que C es el símbolo químico del carbono) en realidad es un átomo radiactivo que se encuentra en la naturaleza. Otros átomos de carbono *(isótopos)* naturales ordenados según su abundancia son el C12 y C13, que se diferencian por el número de *neutrones* (partícula nuclear desprovista de carga eléctrica). El primero es el más común (98,93%) y tiene seis; el segundo tiene siete y el C14, ocho. Como todos los átomos radiactivos, el C14 se transforma en otros átomos más ligeros (o dicho en términos técnicos, decae) y desprende energía con forma de partícula.

Por otra parte, el C14 es bastante corriente, por ejemplo está presente en el anhídrido carbónico del aire y mediante la fotosíntesis que realizan los vegetales, se transforma en materia orgánica y entra en la cadena alimenticia. Así es que todos los seres vivos son portadores de este isótopo en proporción constante con respecto al C12, lo adquieren al alimentarse.

La datación por carbono es un paso adelante en la colaboración entre la ciencia y la historia

Al morir, los organismos vivos dejan de asimilar carbono. Al dejar de realizar las funciones vitales empieza a disminuir la proporción del isótopo C14 (es decir, empieza a decaer) en la proporción siguiente, se reduce a la mitad cada 5.730 años aproximadamente (este tiempo se llama periodo de decaimiento y es típico de cada átomo radiactivo). Por lo tanto, midiendo el C14 restante de un ser ya inerte, el conocimiento del periodo de decaimiento del C14 y la relación entre C12 y C14 en el momento de la muerte del organismo, ya es posible calcular y datar la fecha de la muerte del organismo estudiado.

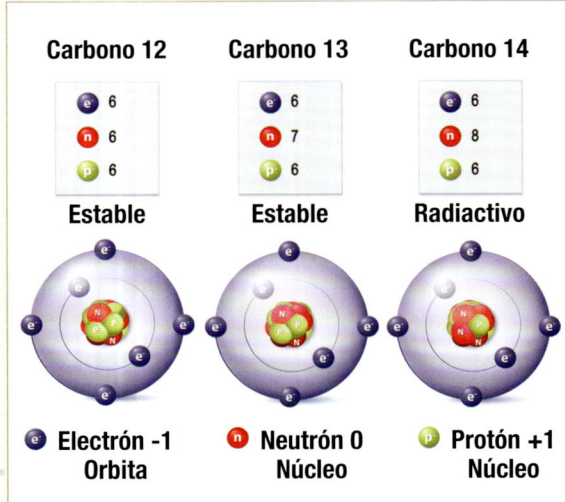

Isótopos del carbono 12, 13 y 14, donde podemos ver la diferencia en el número de protones, neutrones y electrones.

Las dificultades de ponerlo en práctica

Para empezar, hay que contar con materia orgánica, que se pueda datar; y dado que la materia orgánica se descompone, en los restos fósiles apenas hay. Así, al cabo de 60.000 años, el porcentaje de C14 es tan bajo que no se puede medir. Es el límite al que se accede en paleontología. Además a estas alturas ya sabemos que el porcentaje de C14 presente en la atmósfera no siempre ha estado en proporción constante con respecto al C12. Sin embargo, para salvar este obstáculo contamos con las correlaciones que se pueden establecer contando los anillos de crecimiento de algunos árboles, para dataciones de hasta 7.000 años. Es una lástima para los amantes de los dinosaurios, porque los más recientes tienen aproximadamente 65 millones de años; y los geólogos tampoco están muy contentos, ya que las rocas, incluso las más modernas, no pueden datarse mediante el carbono.

> # ¿INFALIBLE? El C14 es una ayuda en la datación histórica, pero no sirve para medir la edad de todo

28 ¿Fantasmas en el Universo?
Los neutrinos

Se sospechaba la existencia de estas partículas desde principios del siglo XX, pero fue el físico Wolfgang Pauli quien comenzó a estudiarlo.

Los *neutrinos* se descubrieron por casualidad. Hacia finales de 1920 se había observado que durante el decaimiento radiactivo de tipo beta (decaimiento del núcleo atómico en el que se emite un electrón y se obtiene otro núcleo) una parte de la energía se pierde contraviniendo un principio de conservación natural: la energía implicada en una transformación no cambia, porque la masa-energía ni se crea ni se destruye.

Para intentar comprender este proceso, Pauli lanzó la hipótesis de la existencia de una «partícula», hasta entonces desconocida, que debería haber aparecido cuando el núcleo radiactivo emitía el electrón, esta nueva partícula contendría la energía que faltaba, debería ser neutra y mucho más ligera que el propio electrón. Otros ejemplos posibles: un neutrón se transforma en protón emitiendo un electrón y un neutrino, mientras que durante la transformación de un protón en un neutrón se produciría la emisión de un positrón y un neutrino.

La existencia del neutrino salva también la violación de otras leyes de conservación importantes

Pero, ¿dónde viven los neutrinos? Aunque son muy abundantes no interactúan con la materia, sino que pueden viajar atravesando grandes espesores, ¡por ejemplo, un planeta!, sin que nada los detenga. Resulta extraño e incluso inquietante pensar que cada segundo millares de neutrinos atraviesan nuestro cuerpo sin que los notemos ni nosotros ni nuestras células más pequeñas. Al no interaccionar con nada resulta muy difícil capturarlos. Este hecho se suele expresar como la transparencia de los neutrinos a los materiales.

Los neutrinos son las únicas partículas que se conservan en la misma forma que en el nacimiento del Universo. Descubrir cómo son nos podría dar una clave de lectura del Big Bang.

Ilustración de la captura de un electrón (e^-) por parte del núcleo de un átomo y la emisión de un positrón (e^+) y dos neutrinos (V_e).

Nacimiento de los neutrinos

Los neutrinos nacen en procesos naturales, como los que ocurren en el Sol, o los atmosféricos, terrestres, originados en las explosiones de supernovas (las estrellas de mayor tamaño). Para observarlos es necesario construir detectores de muchísimas toneladas, que se sitúan en lugares no alcanzables de otros tipos de partículas, para no generar confusión. Por eso, los experimentos se efectúan bajo montañas, o en túneles rodeados de rocas o en profundas minas. Las rocas, por ejemplo, bloquean todas las demás partículas, pero dejan pasar los neutrinos, por eso es más fácil conseguir detectarlos y estudiarlos.

Otros neutrinos tienen origen artificial: proceden de aceleradores de partículas y de reactores nucleares. Haciendo colisionar los protones con una capa de materiales, se obtienen partículas que, decayendo, producen a su vez neutrinos. En las proximidades de los reactores y de los aceleradores de partículas se trata por tanto de fotografiar neutrinos aparecidos de fuentes artificiales. A tal fin se construyen detectores especiales, con la esperanza de capturar algunos neutrinos entre los muchísimos emitidos.

MUY RÁPIDOS. Como casi no tienen masa, los neutrinos viajan a velocidades muy cercanas a las de la luz

29. ¿Cuántas geometrías hay?
Distintas dimensiones

"Un triángulo es un polígono de tres lados cuyos ángulos interiores suman 180°". ¿El relato de los primeros años escolares es la única geometría?

Los rudimentos de la geometría (nombre de origen griego que significa «medición de la Tierra») que se aprenden en la infancia se basan en una geometría cómoda habitual. Más adelante, la mente está preparada para ampliar la mirada geométrica...

Para empezar, podíamos fijarnos en la geometría en dimensión dos, que resulta bastante asequible (dimensión dos quiere decir que puede describirse mediante dos coordenadas, como en los planos y mapas) y es un acercamiento natural. En este supuesto hallamos las geometrías: elíptica, hiperbólica y la euclídea (la de la infancia).

Esto significa que es posible crear una métrica modelada sobre una de estas tres situaciones: el plano euclídeo, la esfera y el plano hiperbólico.

Es decir, que podemos construir o imaginar superficies hechas de fragmentos o trozos de plano, fragmentos o trozos de esfera o fragmentos de plano hiperbólico (una imagen, para quien no esté familiarizado, por ejemplo una silla de montar a caballo) pegados entre sí por medio de *isometrías*; o sea, aplicaciones que conservan las distancias: euclídea, esférica e hiperbólica.

Aparte de la geometría euclídea, existen otras sobre las que construir el conocimiento

Que la métrica se construya sobre estos tres modelos significa que, en particular, en una zona cercana a un punto, una superficie tiene el aspecto de un plano euclídeo, de una esfera, o de un plano hiperbólico. Y jugando en ese terreno se puede hablar de segmentos, ángulos, triángulos, el valor de la suma de los ángulos es 180° (euclídeo), mayor de 180° (esférico o elíptico) y menor de 180° (hiperbólico). Es decir, la geometría euclidiana tiene una curvatura cero; la hiperbólica tiene una curvatura negativa; y la elíptica, posee una curvatura positiva.

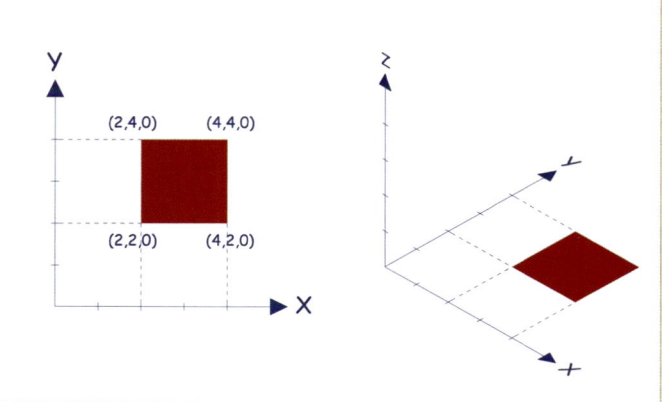

La geometría euclidiana presenta espacios vectoriales en dimensiones 1, 2 y 3, pero no estudia espacios curvos.

Geometrías de dimensión superior

En dimensión tres, que es la que nos resulta más familiar, pues somos seres tridimensionales, la cosa se complica y se pueden considerar ocho métricas, tres sencillas como las anteriores y bastante análogas al caso bidimensional. Hasta las ocho citadas, hay dos que son el resultado de un producto difícil de describir en un lenguaje sencillo y las tres últimas requieren unos conocimientos un poco mayores y el hábito de pensar matemáticamente más especializado. Lo más que podemos hacer es construir su proyección en nuestro mundo tridimensional, con un gran alarde de imaginación y al mismo tiempo con un gran rigor analítico. Más o menos es como representar en una hoja de papel (que es un fragmento de plano euclídeo) un objeto del mundo tridimensional que habitamos (la proyección de una pirámide, una casa, un avión o un florero...) y eso casi todo el mundo lo sabe hacer, pasar de cuatro, cinco o, simplemente, más de tres, es algo más complicado de realizar. De momento, no queremos complicar la vida al lector.

¿SUPERIORES A TRES? Esas dimensiones nos resultan difícilmente imaginables: somos seres tridimensionales

30 ¿Ecosistemas en peligro?

Extinción de ecosistemas

La importancia de los grandes ecosistemas marinos y terrestres para el desarrollo satisfactorio de la vida planetaria es crucial.

La actividad humana está afectando el equilibrio en algunos de ellos, generando efectos negativos para la supervivencia planetaria, según estiman los expertos, a mayor velocidad de la que estos sistemas puede recuperarse. Las grandes barreras coralinas constituyen uno de los ecosistemas más complejos y ricos del mundo. Allí se desarrolla una fauna plural, constituida por decenas de miles de especies de todos los grupos marinos, desde equinodermos a crustáceos, moluscos, peces, y hasta reptiles. De estos animales depende la supervivencia de pájaros y mamíferos, y también en parte del ser humano. El cambio climático, la pesca codiciosa y descontrolada, el turismo, los desequilibrios ecológicos y la polución están comprometiendo su crecimiento y su propia existencia. También la deforestación de las selvas de Indonesia está contribuyendo a la muerte de la barrera coralina, porque la lluvia transporta al mar gran cantidad de desperdicios, que las raíces de los árboles no son capaces de retener, y estos ahogan a los corales.

La actividad humana a veces es peligrosa para diferentes hábitats

Las selvas tropicales constituyen los pulmones del planeta, ya que, junto al plancton de los océanos, son los principales productores de oxígeno. A tra-

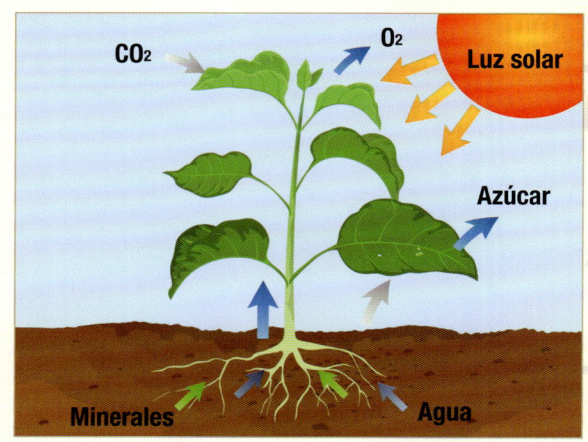

En este gráfico se observa cómo gracias a la fotosíntesis, una planta absorbe dióxido de carbono y devuelve oxígeno a la atmósfera.

vés del proceso de la fotosíntesis, las hojas de los árboles, operando como diminutos paneles solares, transforman la energía procedente del Sol y el dióxido de carbono presentes en la atmósfera en azúcares y celulosa. Es decir, generan oxígeno, fundamental para la vida, y absorben los gases producto de las combustiones de carbón, gas y petróleo, efecto que producen también todos los bosques de otras zonas del planeta aunque en mucha menor medida. Estos efectos también se originan mediante los incendios provocados en todas las zonas boscosas de la Tierra, pero en especial en las grandes masas vegetales que configuran las selvas.

El efecto invernadero

La enorme cantidad de dióxido de carbono liberado en la atmósfera está generando un escudo de gas que provoca un efecto especial: el efecto invernadero. Este viejo enemigo es debido a que una fracción del calor producido por los rayos solares, y que viene reflejado de la superficie terrestre, no puede dispersarse en el espacio, y en consecuencia, produce un lento pero constante aumento de la temperatura de la superficie del planeta. Se trata de un problema global muy grave, ya que con el tiempo, origina cambios en el clima que tornan difícil la vida en algunos lugares de la Tierra, sea por efecto del derretimiento de los hielos y el consecuente aumento del nivel del mar a lo largo de la línea de costa, sea por el crecimiento de las zonas desiertas. Todos podemos contribuir a que llegue menos dióxido de carbono a la atmósfera protegiendo los ecosistemas naturales, reduciendo las emisiones (coches, calefacciones, etc.) y tomando conciencia de la gravedad de un problema que nos afecta a todos los que habitamos este planeta.

EVOLUCIÓN GLACIAR. El efecto térmico de la radiación solar se amplifica a causa del efecto invernadero natural

31 ¿Se puede imprimir un corazón?

¡Magia: impresoras 3D!

La impresión en 3D es un proceso de fabricación que construye a capas un objeto sólido tridimensional desde un modelo digital.

Su utilidad es amplia. Va desde la arquitectura hasta la medicina y atraviesa todo tipo de posibilidades menores y mayores. Este futuro próximo en el que pronto una gran parte de la población occidental estará inmersa, en la actualidad ya es una realidad inteligente en los ámbitos vanguardistas.

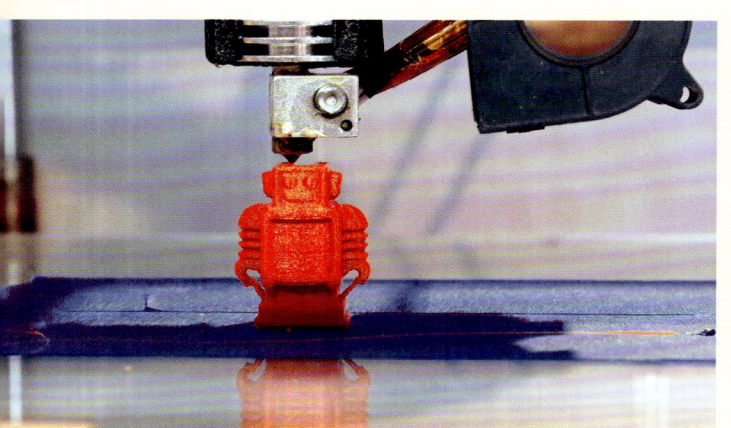

La impresión 3D resulta muy útil en cuestiones relacionadas con la medicina, pero también en objetos cotidianos.

Pero situémonos frente al proceso: para imprimir un objeto 3D, el fabricante usa un programa de diseño por computador (CAD) y diseña un modelo digital que posteriormente se construye según delgadas secciones transversales: las capas. Este proceso de impresión una vez iniciado es lento y minucioso y también imparable, la máquina empieza y no se detiene hasta el final. Así, la impresora 3D comienza por la base del diseño y va construyendo sucesivas capas del producto con el material adecuado hasta concluir el objeto.

En un futuro próximo contaremos con impresoras 3D domésticas

En el pasado reciente, el coste de imprimir en 3D era muy elevado y la tecnología solo podían usarla grandes corporaciones; el desarrollo de impresoras 3D de escritorio posibilitó la implantación de estas herramientas en pequeñas y medianas empresas y para uso doméstico; si bien en este último caso el ámbito realista de utilización todavía es muy limitado y circunscrito a situaciones concretas.

La primera impresora 3D se presentó en 1985 y en nuestros días la aplicación a la que vaya a ser destinada determina el tipo de material que se debe utilizar para optimizar la situación, un líquido polímero o gel, resina, etc. Los primeros éxitos con impresoras 3D se obtuvieron con plásticos, aunque los investigadores comienzan a lograr resultados positivos con metales y otros materiales. No obstante, conviene no olvidar que el rango de sustancias que se pueden usar es limitado.

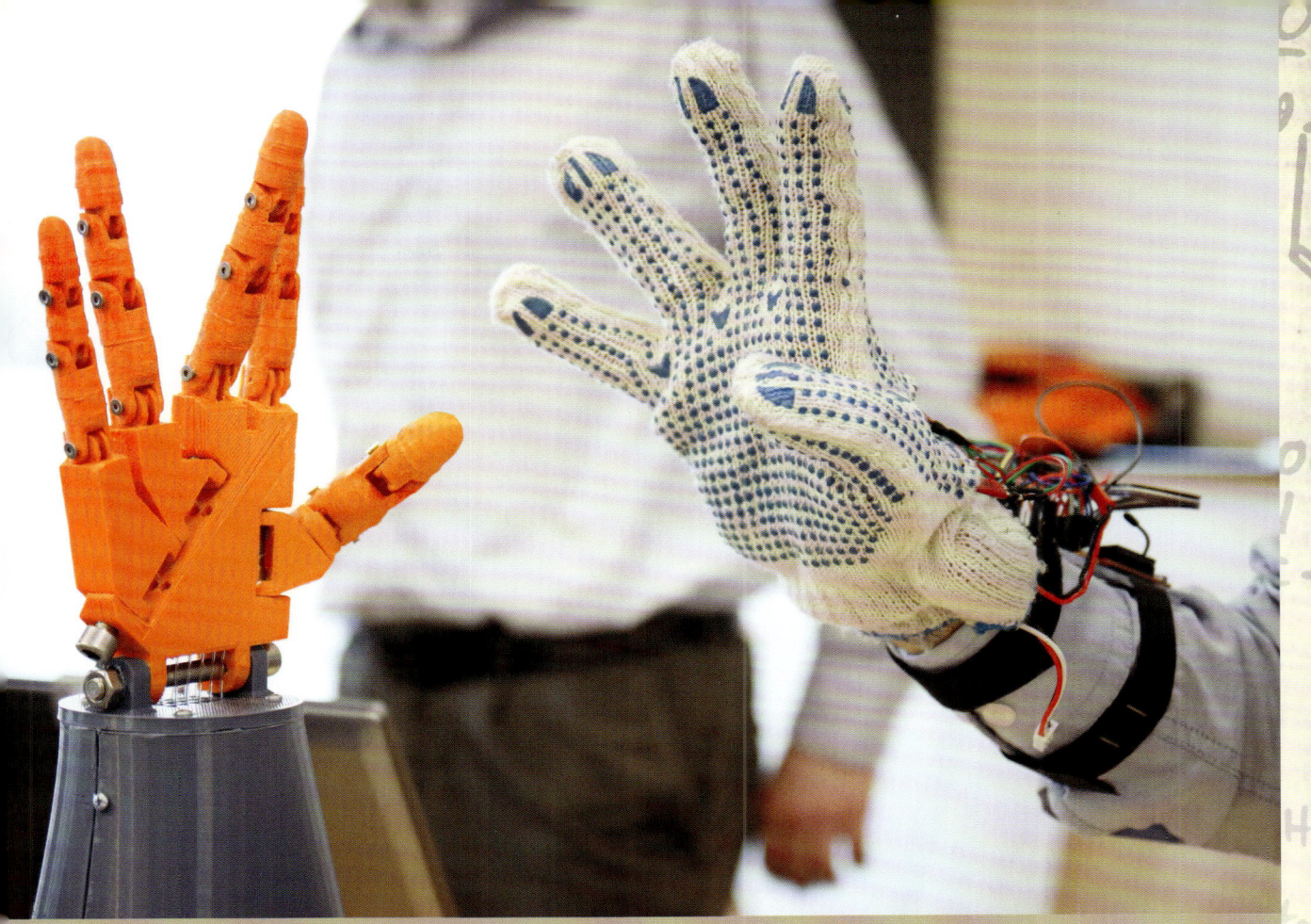

Un proceso apasionante casi al alcance de la mano

En la actualidad, las impresoras 3D se emplean para elaborar objetos de muy diversa naturaleza y con carácter prácticamente universal en ambientes y circunstancias muy diferentes, por ello en el catálogo de productos fabricados por este método encontramos desde juguetes, hasta sustitutos de los antiguas vendas enyesadas (escayolas) para curar fracturas óseas, pasando por toda suerte de objetos que no tienen nada que ver unos con otros y muy frecuente en tecnologías avanzadas para desarrollar prototipos.

Tiempo atrás, hacer un prototipo era costoso en tiempo y recursos materiales, se necesitaban especialistas muy cualificados y se precisaba disponer de maquinaría especial. Sin embargo, ahora, en lugar de enviar instrucciones de modelado a una fábrica, la impresión en 3D permite a las empresas elaborar sus propios prototipos sin recurrir a agentes externos, con la participación directa de los propios expertos de la corporación.

> **# IMPRESIÓN 3D.** Es lenta, minuciosa e ininterrumpida: una pieza de tamaño medio puede requerir varias horas

32 ¿Dónde situar los cuerpos en el espacio?

Griegos y troyanos

Una mirada inocente del Sistema Solar es la de un mecanismo bien organizado, con sus precisos engranajes y, aparentemente, casi perfecto.

Esta visión pictórica (y algo simplificada) es bastante útil para muchos propósitos relacionados con el conocimiento de nuestro sistema planetario, pero, en una observación algo más atenta, esta estructura armónica de cuerpos en interrelación nos muestra, en efecto, que estos cuerpos han logrado alcanzar una situación de *equilibrio dinámico relativo* tras un largo proceso. Enfoquemos nuestra mirada en los asteroides.

Entre los asteroides hay dos familias que nos traen a la memoria los héroes de la *Iliada* de Homero; estas agrupaciones no habitan, como acostumbran la mayoría de los asteroides, entre la órbitas de Marte y Mercurio en el «Cinturón de Asteroides», sino que unos siguen tras la órbita de Júpiter y otros la preceden. Los vencedores en la *Iliada*, los griegos, preceden a Júpiter (60° por delante) y los troyanos siguen su órbita (60° por detrás). Entre los griegos se encuentran Aquiles, Menelao, Agamenón, y en el segundo grupo hallamos a Eneas y Priamo y algunos más.

La mayor parte de los planetas orbitan junto a pequeños satélites troyanos

Por extensión, en general, los cuerpos celestes situados en alguno de los puntos de estabilidad se suelen denominar «troyanos». Por ejemplo, Marte y Neptuno son planetas que también orbitan el Sol acompañados de troyanos, en este caso se trata de pequeños objetos.

Un caso análogo se encuentra en la órbita de Tetis, que es un satélite de Saturno, esta luna está precedida del pequeño Calipso y seguida de Telesto, también pequeñito. La luna Dione (también de Saturno) viaja acompañada de dos pequeños troyanos; Polux, que le sigue y que está a su vez precedido por Helena y también es un pequeño satélite irregular (es decir no esférico).

Imagen de Júpiter, el planeta que divide a los asteroides: los que siguen tras su órbita son troyanos y los la preceden, griegos.

¿Es posible ubicar un objeto en una posición arbitraria en el sistema?

La astronomía nos enseña que las posiciones viables para colocar cuerpos que se mueven no son aleatorias, un planeta, un satélite, un asteroide o un cometa no puede estar en cualquier sitio, la estabilidad es una condición delicada. El gran científico Lagrange demostró en 1772 que tres cuerpos (más de tres es muy difícil) de masa arbitraria se pueden mover de manera que su disposición espacial permanezca inalterada (podríamos decir en lenguaje más técnico: en equilibrio relativo). Hay dos situaciones geométricas que satisfacen esta condición:

a) Estar dispuestos en línea recta en determinados puntos concretos que se pueden hallar (y no otros), los *colineales*.
b) Estar situados en los vértices de un triángulo equilátero concreto, los *triangulares*.

 # EQUILIBRIO RELATIVO. En el Sistema Solar, también es solución de las ecuaciones de Newton

33 ¿Gestionar la casa a distancia?
Desarrollo de la domótica

El gobierno inteligente de nuestras casas con un mando a distancia, o el autogobierno del domicilio: el ahorro energético y la habitabilidad mejorada.

Muchas personas han oído hablar de las casas inteligentes y de la domótica, y de toda la gran cantidad de ventajas que tienen estas edificaciones para hacer la vida mucho más confortable en el ambiente doméstico; y también en los lugares de trabajo. *Domos,* en griego, significa «casa». La casa informatizada sería la idea que encierra el concepto. Esta idea es muy próxima a la de casa inteligente que señala un ambiente doméstico proyectado tecnológicamente para la gestión global de la casa, en el sentido de tener en cuenta los aspectos lumínicos, los mandos de los electrodomésticos, la climatización y la apertura y cierre de puertas y ventanas, así como los sistemas antirrobo. Todo este conjunto de instalaciones conduce a un importante ahorro de energía, que se debe a varios motivos no controlados y sobre todo a la eliminación de consumos energéticos de los cuales apenas nos percatamos (como los electrodomésticos en modo zombie, o las luces encendidas donde no es necesario, etc.) Este es el amplio sentido de la importancia de la casa inteligente, desde la doble óptica del bienestar y de la eficiencia.

Muchas de las preocupaciones actuales van a desaparecer gracias a la domótica

Imaginemos los beneficios de la domótica para gestionar hospitales, hoteles, museos, edificios públicos en general en los que es conveniente combinar buena gestión y eficiencia. Y todavía más ambicioso el proyecto con algunas industrias o los grandes buques de transporte humano. La gestión unitaria de varias infraestructuras importantes que usualmente se efectúa por separado, incluso en algunos casos informatizado: eléctrico, iluminación, calefacción, alarmas de seguridad, llevándose a cabo individualmente, conlleva un trabajo mayor, que la gestión en «modo casa» de todos estos niveles estructurales de interés general.

La domótica conlleva beneficios como la eliminación de cableado eléctrico y la compartición de estructuras tecnológicas.

Producción propia de energía

Si añadimos un sistema de producción de energía a partir de fuentes renovables, como paneles solares o instalaciones geotérmicas, que también pueden ser bien controladas por un sistema domótico bien configurado, nos hacen observar con alegría la llegada del próximo futuro.

La facilidad para modificar toda la funcionalidad y los puntos de mando, sin necesidad de recurrir a nuevas líneas eléctricas. Seguridad y simplificación, confort, etc., todo accesible con una interfaz de uso fácil. Y siempre controlado localmente o a distancia: temperatura ambiente, relax, música, el cine doméstico, todo es una simplificación de las rutinas que nos presentan un escenario que nos permite usar nuestro tiempo de manera más interesante y en definitiva, vivir mejor.

AUTOMATIZACIÓN. Convierte a casas y edificios en construcciones inteligentes mucho más eficaces para la vida real

34 ¿Cómo son los insectos sociales?

Hormigas y sociedad

En los manuales escolares se presentan las hormigas como prototipo de insectos sociales. Un hormiguero es un mundo sorprendente.

Un individuo aislado es casi insignificante. Sin embargo, en grupo conforman un «organismo» insidioso que entra en competición con los seres humanos para repartirse el territorio. Hay miles de especies de hormigas que pueblan todo el planeta desde hace cientos de millones de años. Su población total es superior muchísimas veces a la de la humanidad.

La norma social que rige a las hormigas, que seguramente forma parte de su éxito vital, es el haberse dotado reglas de conducta social que cumplen a rajatabla. Es decir, cada grupo de sujetos desempeña un papel preciso que cumple con una monotonía de reloj o de un mecanismo perfecto.

En número, las hormigas son las auténticas dueñas de nuestro planeta

Las sociedades humanas se parecen en su complejidad conductual; sin embargo, las individualidades humanas tienen posibilidad de cambiar su estatus. Los contratos sociales en el hormiguero tienen caducidad a la llegada de cada primavera, y las poblaciones de hormigas cambian la estructura de su convivencia. Los habitantes de las ciudades difícilmente reconocen este fenómeno, pero normalmente en los pueblos y villas con menos presión urbanística, las lluvias primaverales invitan a las primeras avanzadillas de hormigas, que entran en casa de incógnito. El grupo explora el territorio, guiado por el olor que desprenden algunos alimentos como el azúcar. Estudian recorridos y recursos y recogen información, sus rutas a primera hora de la mañana parecen autopistas de entrada en la ciudad en hora punta. Las colisiones entre ellas en sus compactas filas son el soporte de su sistema de mensajería. Cada hormiga es portadora de información que intercambia, creando una red interconectada y flexible donde los mensajes viajan velozmente. Y estando siempre conectadas, completan una base de datos.

La conducta humana en la gran ciudad es similar a la de las hormigas: una gran red de información con cada individuo conectado.

Ingenieros diminutos

La base de datos de noticias, mapas, rutas gastronómicas y lugares relevantes de las hormigas hace que cada mensaje enviado por una hormiga al resto, si se repite mucho, sea una nueva confirmación. La reiteración les permite no perder información si cualquier hormiga se despista y pierde el norte. Las personas ahora hablan de movilidad en las comunicaciones y de redundancia en la seguridad de los datos, pero las hormigas ya habían inventado estos conceptos. Su punto más débil son las grandes maniobras efectuadas en masa, que duran bastantes horas, y si andan por despensas humanas, es fácil que las acaben descubriendo. Para deshacerse de este ejército invasor, no es necesario hacer mucho daño al grupo: unas cuantas bajas visibles para las demás es información suficiente para su inteligencia global. Las hormigas se llevan a las compañeras heridas, y una vez evaluado el daño, se pasan las instrucciones y se retirarán al menos durante la estación.

 # HORMIGUERO. Su estructura social se extrapola a las actividades humanas. La naturaleza es más efectiva que nosotros

35 ¿Un "banco" genético?
La biodiversidad

Muchas plantaciones del mundo se han convertido en monocultivos, en los que la biodiversidad genética cada vez se empobrece más.

Muchos cultivos son casi idénticos porque los agricultores seleccionan especies muy productivas, fáciles de recoger y dotadas de buen sabor y olor. Es decir, en general dependemos de unos pocos tipos de cultivos que proveen el 75% de los alimentos del mundo. Esta falta de variedad genética hace que los alimentos cultivados se tornen extremadamente vulnerables a los insectos nocivos, a las enfermedades y a los cambios climáticos. Si a estos monocultivos los ataca una enfermedad nueva o se infectan con nuevos parásitos podrían acabar por desaparecer, puesto que las plantas resistentes han sido previamente excluidas de la selección. Las especies vegetales que se dan en la selva pueden resultar vitales para adaptar las variedades actuales a nuevas condiciones de vida.

La medicina depende en gran medida de los árboles

La pérdida de masa forestal provoca, no solo la extinción de las especies, sino también la caída de la diversidad genética que podría ayudar a las especies a adaptarse a las nuevas condiciones de vida. En el caso concreto de la flora tropical, conviene saber que de ella proceden algunos fármacos, derivados de arbustos, flores, semillas, raíces y hongos, de los cuales se extraen muchos tipos de principios activos usados en farmacopea, desde los anestésicos a los antibióticos o los contraceptivos. Por ejemplo, la quinina que se utiliza contra la malaria se extrae de la corteza de un árbol andino. Los fármacos tradicionales son de origen vegetal en gran medida. Y no solo en Oriente.

Los bosques representan la mayor reserva de plantas de uso en medicina. En Kenia, por ejemplo, el 40% de los medicamentos de origen vegetal proviene de los árboles, los habitantes de las regiones boscosas de estos países africanos son guardianes de una botica de tamaño gigantesco que solamente ellos conocen.

La mayor parte de los cultivos mundiales son de la misma especie, lo que pone en riesgo de extinción a muchas plantas necesarias.

El caso de la Amazonia

Pero no solo en África, también en la Amazonia, los equipos etnobotánicos internacionales han catalogado más de 1.000 especies vegetales usadas principalmente como medicinas por los indígenas. Por ejemplo, hay algunas especies de árboles asiáticos y africanos de los que se obtienen sustancias para rebajar la hipertensión y las enfermedades mentales.

Si la biodiversidad es importante para nosotros por motivos estéticos, médicos y genéticos, todavía lo es en mayor medida para las poblaciones indígenas que viven en los bosques tropicales. La situación para los indígenas amazónicos es muchas veces dramática, debido a que estas poblaciones ni siquiera son propietarios de la tierra que habitan desde siempre y los bosques y selvas que conforman su paisaje natural y el fundamento material y espiritual de su vida están siendo inexorablemente destruidos.

DESTRUCCIÓN DE BOSQUES. Y campos de cultivo masivos son un peligro que merma la base de muchos fármacos

36 ¡El tiempo nunca vuelve!

Irreversibilidad y entropía

Si una persona que está tomando un refresco apoya mal el vaso y acaba hecho añicos... ¿Puede ese vaso retornar a su estado original?

En general, la experiencia cotidiana nos muestra que un objeto que se rompe en mil pequeños fragmentos nunca volverá a adquirir su forma anterior. Del mismo modo, nuestro café caliente al cabo de un rato estará frío, y no se calienta por sí mismo de nuevo. Los científicos, a este tipo de sucesos, los bautizan con el nombre de «procesos irreversibles»; es decir, que nunca se invierten para volver a la situación inicial.

Los estudiosos que intentan entender y manejar estos fenómenos los engloban en una rama de la ciencia llamada termodinámica, que forma un corpus de conocimiento que se ocupa de temas tan curiosos como este de la irreversibilidad. La termodinámica se sustenta en dos leyes principales y el tipo de situaciones irreversibles que hemos descrito obedecen a la segunda ley, universalmente conocida como «segundo principio».

Los objetos de los que se ocupa la termodinámica son grandes, o al menos se ven a simple vista (o con un microscopio sencillo). Estos cuerpos de tamaño asequible o cotidiano para nosotros están formados por una cantidad gigantesca de átomos y moléculas, y otras partículas; por ejemplo, en 2 litros de aire hay 10^{22} moléculas (para hacernos una idea del tamaño, pensemos que un millón escrito en forma de potencia es 10^6), y ese detalle de los grandes números es la clave de la irreversibilidad de los procesos.

En el día a día encontramos multitud de ejemplos de efecto irreversible

En los objetos detectables a simple vista (macroscópicos), los científicos han encontrado una magnitud que llaman entropía, tal que durante cualquier proceso de un sistema aislado, jamás disminuye. Dicho de otra manera, los sistemas aislados, o aumentan su entropía, o esta permanece invariable.

PROCESO IRREVERSIBLE

Tiempo

La ilustración muestra un ejemplo de irreversibilidad: una pastilla de pintura se disuelve en agua, tiñéndola.

La flecha del tiempo

En un proceso en el que una situación puede revertirse; es decir, se puede pasar de un estado a otro y luego volver al primero, eso se evalúa considerando la invariabilidad de la entropía. Este es el caso de los procesos reversibles. En los irreversibles, ocurre al revés, como por ejemplo en el hecho de envejecer: nunca regresamos a nuestra juventud.

El paso del tiempo es irreversible; o sea, que el pasado no puede volver, y por eso se habla de la flecha del tiempo y en ese sentido el paso del tiempo aumenta la entropía. A veces se suele explicar la entropía como una medida del desorden, y en eso encaja nuestra idea de vida, que es una organización perfecta: el paso del tiempo hace que los organismos vivientes vayan perdiendo orden en sus estructuras y en ese sentido aumenta el deterioro, o dicho de otro modo: la entropía, el desorden.

 # DOS CONCEPTOS. Irreversibilidad y entropía definen desde la física la realidad del ser humano

37 ¿Entender la luz es entender a Einstein?

La luz y la relatividad

La teoría de la relatividad de Einstein, junto con la física cuántica, son las dos herramientas imprescindibles para comprender el mundo físico a partir del siglo xx.

A velocidades muy inferiores a las de la luz, que es a la que se desarrolla nuestra existencia, y que es también la que sirvió para construir lo que conocemos como física moderna, a la que Newton dio forma («subido sobre hombros de gigantes», según él mismo afirmó), concebir el espacio y el tiempo como independientes y absolutos para estudiar el movimiento es algo perfectamente coherente.

La teoría de la relatividad elimina la posibilidad de un espacio-tiempo absoluto

La relatividad de Einstein nos enseña que el espacio y el tiempo no son contenedores de las cosas que existen independientemente de lo que sucede, y también que la velocidad de la luz es constante en la naturaleza, pero no es instantánea. Esta rama se basa en el conocimiento de la luz, sus propiedades de onda: reflexión (como sucede por ejemplo en los espejos), refracción (como ocurre al pasar de un medio de una densidad a otro con una densidad distinta), interferencia (es decir, de unas ondas con otras), difracción (como al pasar por rendijas, al igual que ocurre en los telescopios), polarización (que es la orientación de las dos componentes que forman la ondas de luz, la eléctrica y la magnética), dispersión (cuando choca con partículas en el aire). Pero también como partícula.

Pero la relatividad tiene otros aspectos que nos resultan curiosos hasta que nos acostumbramos; por ejemplo, deja de tener sentido la idea de que dos eventos se producen simultáneamente, ¡aunque sincronicemos los cronómetros!

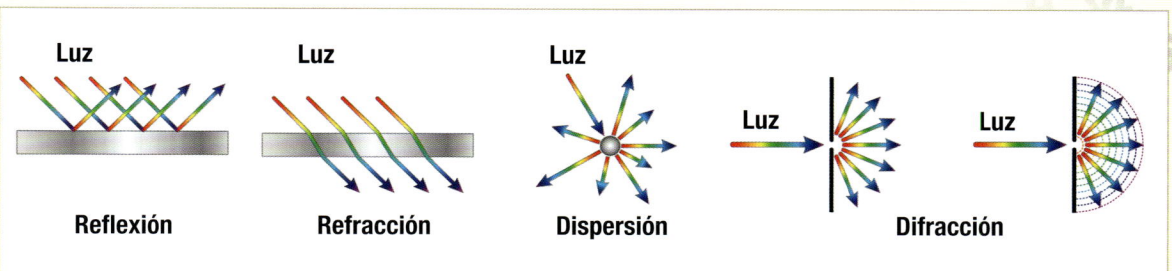

Ilustración que muestra algunas de las propiedades de onda comentadas en el texto.

¿Es posible que dos sucesos ocurran a la vez?

Una de las primeras grandes sorpresas nos la llevamos al comprobar que la velocidad de la luz es constante (en general, ocurre con todas las ondas electromagnéticas, como los rayos ultravioleta, los infrarrojos, los rayos X, etc.), lo que implica que al viajar a velocidades próximas a dicha velocidad se desdibuja por completo el concepto de simultaneidad.

Imaginémoslo con un ejemplo futurista: supongamos que una astronauta viaja en una nave espacial a una velocidad muy elevada próxima a la de la luz y desde su nave emite un rayo de luz. La astronauta se halla situada en el centro de la nave y ella ve que la señal luminosa llega al mismo tiempo al frente de la nave y a su cola. Por otra parte, una científica está observando desde una estación espacial y ve que la luz que ha emitido la astronauta llega antes a la parte trasera de la nave que a la parte delantera. Para la primera persona, nuestra alegre astronauta, al ser la velocidad de la luz constante, su fogonazo llega al mismo tiempo delante y detrás. Para la observadora del exterior, la luz moviéndose hacia el frente de la nave invierte un tiempo mucho mayor que moviéndose hacia atrás. Es decir, el mismo hecho no ha sido observado simultáneamente por las dos personas que estaban pendientes de él.

ANTES DEL CONCEPTO ESPACIO-TIEMPO
no entendíamos los agujeros negros o el movimiento anómalo de Mercurio

38 ¡Quinta generación tecnológica!

Tecnología 5G

La enigmática expresión 5G no encierra un código secreto, significa simplemente "quinta generación" en cuanto a la imprescindible tecnología actual.

Por generación se entiende el conjunto de requisitos para dispositivos y redes que determinan la compatibilidad entre ellos con un estándar. En otras palabras, describe cuál es la tecnología necesaria para que funcione un cierto tipo de comunicaciones.

Las redes de segunda generación (2G) nacieron en 1991 como un conjunto de estándares para regular la telefonía móvil, sin especiales preocupaciones con respecto a la transmisión de datos, el teléfono clásico, pero no fijo. El siguiente paso fue el advenimiento de la generación 3G, donde todavía la comunicación mediante la voz era el objetivo, pero también empezó a cobrar importancia internet y la televisión en soporte móvil. Este mundo tecnológico que hemos dejado atrás y hoy nos cuesta siquiera imaginar, fue el precursor de los avances de los que gozamos hoy.

Las generaciones tecnológicas se suceden mejorando rápidamente a la anterior

Sucesivamente, la tecnología fue creciendo y mejorando con el tiempo, incorporando ventajas y a medida que se innova, continúa aumentando la velocidad de la innovación. La 4G se proyectó para mejorar en aspectos como la telefonía vía IP (protocolo de internet que es un código de identificación), la video conferencia y la computación en la nube, además sobre el video en *streaming* (que está pensado para transmisiones de radio on line).

Con las redes 5G, se puede descargar una película de cine entera en unos pocos segundos. La quinta generación es más de 1.000 veces más veloz de lo que fue la cuarta. Así, podemos ver increíbles velocidades de 10 gigabit por segundo o más. Aunque esta es la teoría, porque todos los que hemos usado anteriores generaciones sabemos cuál es la realidad de la velocidad de subida y la de descarga, que generalmente difiere bastante de la teoría.

Internet de las cosas (IoT) y el concepto de estilo de vida digital: una red de objetos cotidianos interconectados.

La última generación

Además del aumento de la velocidad, con la 5G llegaron comunicaciones más eficientes entre diferentes dispositivos. Por ejemplo, la casa inteligente (smarthome) con muchos sensores conectados en 5G, sin necesidad de gran rendimiento para enviar datos a la otra parte del mundo y con tiempos de respuesta pequeños. Los dispositivos 5G pueden individualizar y explotar la frecuencia justa para cada tipo de mensaje, volviendo más eficiente la comunicación.

Fueron dos los propósitos que animaron el desarrollo del 5G: por una parte, el simple incremento de las prestaciones y, por otra, la hiperconexión de mayor alcance, que sirviera para una interconexión global de miles de millones de personas y dispositivos: el internet de las cosas o IoT. Con ella, se podría conseguir que millones de objetos se codificaran y se pudiera hacer un seguimiento real de todos ellos, algo muy útil por ejemplo para determinar artículos en stock.

FRECUENCIAS ALTAS. El 5G utiliza ondas de radio milimétricas en la banda más alta en frecuencia entre 30 y 300 GHz

39 ¿Qué es LHC?

Aceleradores de partículas

LHC (Large Hadron Collider) es un enorme dispositivo de investigación de los aspectos íntimos de la materia que pertenece al CERN.

Situado entre Francia y Suiza, es el mayor y más potente colisionador y acelerador de partículas del mundo. Con su circunferencia de 27 km, se diseñó para adentrarse en los secretos de la física de partículas, y los modelos del universo que describe que no acaban de estar finalizados y encajar. Partículas son los constituyentes íntimos de la materia, la mayor parte de los cuales están unidos entre sí por algunas de las fuerzas fundamentales, como la nuclear fuerte. El más aceptado generalmente hasta el presente, llamado *modelo estándar,* describe bastante bien la mayor parte de los fenómenos observados, en términos de las fuerzas fundamentales del universo; sin embargo, este modelo no es completo.

LHC: El laboratorio más grande para trabajar con lo más pequeño

Los científicos se hacen preguntas como esta acerca del universo: ¿por qué en el universo hay más materia que antimateria?, pero también se formulan muchas preguntas de detalle que suelen tener gran calado bajo su apariencia menor. En el LHC, se estudian las partículas del modelo estándar, las que se controlaron al entrar en funcionamiento el acelerador. Algunas de las partículas fundamentales estudiadas son conjuntos ligados a los quarks y los antiquarks o los bosones. El trabajo de búsqueda y detección de partículas sirve para ir asignando e identificando partículas a los

Esquema de la composición de un átomo, que muestra las partículas elementales y los quarks para explicar el bosón de Higgs.

procesos y a sus efectos, y así confirmar efectos conocidos y desarrollar nuevos conocimientos en el rango de la física de altas energías producidas en este súper-acelerador. Estos trabajos permitirán avanzar en los conocimientos del mundo físico a nivel subatómico y quizá conducirá a otros nuevos conocimientos. Por ejemplo, al estudiar alguna de las partículas como el bosón Z, que es un mediador, se puede profundizar en los fenómenos de altas energías.

La máquina que imita el Big Bang

En el interior del acelerador se lanzan dos haces de protones (que son partículas de carga positiva, uno de los constituyentes del núcleo atómico), los protones se aceleran en sentidos opuestos hasta que alcanzan una velocidad muy próxima a la de la luz, y así, chocan produciendo gran cantidad de energía, seguramente similar a la que se produjo poco después del Big Bang. El gran laboratorio permitió detectar en 2012 el bosón de Higgs, partícula predicha teóricamente, cuya búsqueda implicaba a gran parte de la comunidad científica. Esta partícula sirve para comprender cómo otras partículas subatómicas adquieren masa y es un paso para nuevos hallazgos.

Además, también se realizan experimentos similares a los procesos que se produjeron al inicio del Big Bang, a modo de simulaciones. Para efectuar estos nuevos tipos de experimentos, se van acondicionando los elementos fundamentales que constituyen este gigantesco dispositivo laboratorio con tanto futuro para la ciencia.

Interior del CERN (Organización Europea para la Investigación Nuclear).

BOSÓN DE HIGGS. Pudo demostrarse gracias al LHC, y no sabemos cuántos otros enigmas podrá desentrañar

40 ¿Basura espacial?
¡Una lluvia de cascotes!

Los artefactos humanos puestos en órbita tienen una vida limitada, pero una vez se tornan inservibles y se degradan siguen junto a nosotros incesantemente.

Estamos acostumbrados a los objetos naturales que nos acompañan, las partículas de tipo meteoroide que siguen al Sol y de vez en cuando se cruzan con nosotros; sin embargo, desde el siglo XX tenemos viajando con nosotros muchos objetos que, partiendo de la superficie terrestre, dan vueltas alrededor de nuestro planeta. Estos objetos humanos es lo que llamamos basura espacial. Está formada por naves espaciales que no funcionan, las etapas de los vehículos de lanzamiento abandonados, los desechos relacionados con cada misión, los restos originados en la fragmentación de objetos espaciales y cachivaches de ese tipo. El número de escombros espaciales crece rápidamente, como se observa si se visitan las páginas de las agencias espaciales, donde los datos se van actualizando al alza; hay decenas de miles de estos trastos un poco mayores que una pelotita en órbita alrededor de la Tierra.

Viajan a velocidades de hasta 27.400 km/h más o menos; esta elevada velocidad es bastante para que una pieza relativamente pequeña de escombro orbital dañe un satélite o una nave espacial. Y también hay cientos de miles de fragmentos de mucho mayor tamaño.

La basura espacial se compone de fragmentos de objetos espaciales humanos

Pero además hay muchos millones de pequeños restos que no pueden rastrearse. Por ejemplo, las manchas de pintura que se incrustan en las ventanas de la ISS (Estación Espacial Internacional) perjudican notablemente el trabajo delicado de esta plataforma tan importante en la investigación científica. Es un problema que se origina debido a que, a gran velocidad, cualquier pequeña incidencia se puede tornar en realidad en un asunto muy grave. Incluso pequeñas manchas de pintura pueden dañar una nave espacial cuando viajan a estas velocidades.

Millones de pequeños fragmentos flotan alrededor de la Tierra convertidos en un peligro para el ser humano.

¿Pueden dañarnos?

El grueso de los objetos inservibles se sitúa a entre 80 km y 1.000 km de la Tierra, en las mismas órbitas que el instrumental útil. El problema de que los fragmentos de desecho orbital nos hagan daño no es de probabilidad cero debido a que caen por acción de la gravedad; sin embargo, a pesar del efecto de pantalla protectora que hace la atmósfera, consecuencia por una parte de la fricción y por otra del calentamiento consiguiente, acaba rompiendo la mayor parte de la chatarra y en muchas ocasiones, desintegrándola antes de tocar la superficie, por lo que no hay un peligro grande.

A pesar de eso, algunos fragmentos de mayor tamaño acaban en el océano, en el desierto, o en zonas habitadas, que es donde pueden convertirse en un problema. De momento, hasta el día de hoy, sobre la superficie terrestre han caído pocos fragmentos peligrosos. Pero son problemas más que preocupantes, porque suponen riesgos para las misiones espaciales cuando proceden de los escombros que no podemos rastrear, como saben muy bien en las agencias espaciales.

 # CHATARRA SUELTA. Ha habido sorprendentemente pocas colisiones desastrosas y tan solo interferencias

41 ¿Cristales o líquidos?

¡Qué material más curioso!

Todos aprendemos en el colegio que los estados de la materia son líquido, sólido y gaseoso, pero... ¿Podría haber estados intermedios?

Allá por 1888 un botánico austriaco que estaba estudiando cierta sustancia química, un benzoato, se dio cuenta de que esta tenía dos puntos de fusión (la temperatura a la que comienzan a fundirse) distintos, que le otorgaban aspectos diferentes: a 145 °C, aparecía como un líquido turbio, viscoso y coloreado, mientras que a 178,5 °C se convertía en perfectamente líquido. Eso le hizo pensar que entre los estados sólidos y líquido para esta sustancia hay un estado intermedio, una fase de la materia hasta entonces no conocida, un estado que tiene propiedades físicas a medio camino entre un sólido habitual y un líquido normal.

Este sorprendente estado de agregación se empezó a buscar en otras sustancias, tanto orgánicas como inorgánicas, con éxito, y recibió el nombre de «cristal líquido».

Los cristales líquidos son objeto de estudio por la utilidad tecnológica de sus propiedades. Estas sustancias se pueden clasificar según la posición de sus moléculas en el espacio, su estructura es rígida y similar a la cristalina, pero de tal modo que le conceden a la sustancia a la que pertenecen la fluidez característica de líquido, aunque en traslaciones de gran escala se manifiesta la estructura cristalina (propia de los sólidos).

El estado de agregación de la materia tiene propiedades de la fase sólida y de la líquida

Los cristales líquidos resultan muy útiles para fabricar visualizadores ópticos (por ejemplo, pantallas) de muchos dispositivos de alta precisión, como en instrumentación médica, robots de tipo industrial, etc., pero también para objetos de uso cotidiano (relojes, termómetros, cámaras fotográficas, teléfonos y otros muchos). Estos visores, LCD (liquid Crystals Display) proporcionan buenas prestaciones con un pequeño gasto de energía eléctrica a cambio.

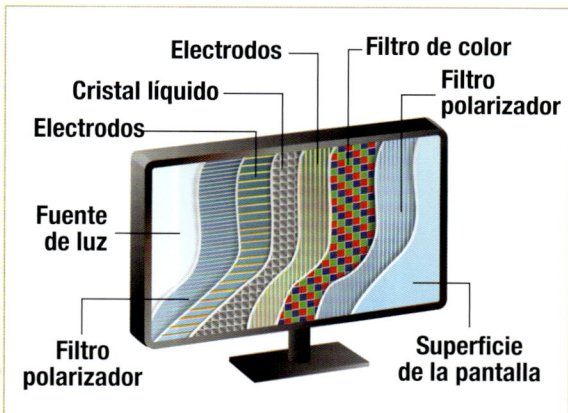

Infografía que muestra una pantalla LCD con todos sus elementos. Cuando vemos la tele nunca pensamos en su alta tecnología.

¿Cómo funcionan los LCD?

Cuando la luz natural (es decir, que vibra en todas direcciones) penetra atravesando la capa más externa, se polariza linealmente según la dirección de absorción mínima (o sea, empieza a vibrar en una dirección concreta, en el resto es absorbida por el material). Si el sistema no está perturbado, las moléculas del cristal líquido, dispuestas según un esquema perfectamente ordenado, confieren a la célula un poder rotatorio similar al que presentan los cristales ópticamente activos según una cierta dirección.

Para incidencia normal (perpendicular) a la superficie del polarizador, el cristal líquido interpuesto puede rotar el plano de polarización de la luz exactamente 90°, independientemente del espesor de la celda. Por tanto, la luz que penetra en la celda llega al segundo polarizador vibrando según la dirección de absorción mínima de este último y así es posible atravesarlo. La luz, tras haber sido reflejada en el espejo, vuelve a la celda y pasa de nuevo a su través siguiendo el mismo recorrido anterior, pero esta vez en sentido contrario, con lo que el plano de polarización rota de nuevo y se sitúa en sentido opuesto, y permite a la luz salir a través del polarizador externo y el sistema resulta iluminado.

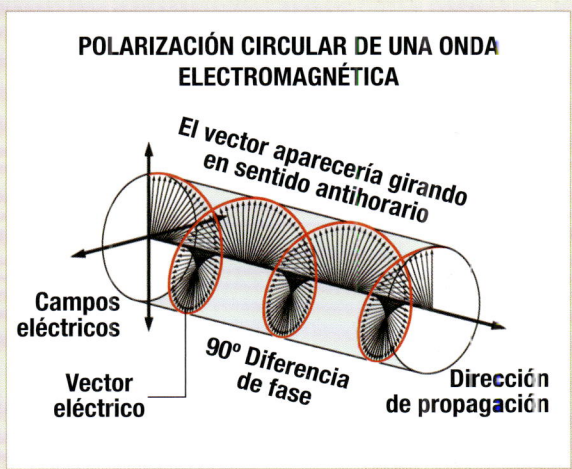

POLARIZACIÓN CIRCULAR DE UNA ONDA ELECTROMAGNÉTICA

CRISTAL LÍQUIDO. Es el material más utilizado en pantallas y absolutamente necesario en un mundo tecnológico

42 ¿Marcianos en las profundidades?

Búsqueda de vida en Marte

Veamos en un par de ejemplos sencillos cómo pequeños detalles significan pasos decisivos para la formación de vida en un cuerpo celeste.

Uno de nuestros planetas hermanos, Marte, siempre ha sido fuente de ensoñaciones, aunque hayamos descartado ya encontrar hombrecillos verdes. Un par de cráteres o, por ser más precisos, de depresiones poco comunes, halladas en Marte, pudieran ser un buen sitio para buscar señales de vida en nuestro vecino. Hay varias hipótesis para el desarrollo de estas formaciones geológicas que nada justifica de antemano que tengan una historia común. Una de ellas las hace parecer como consecuencia de los volcanes bajo un glaciar que dio lugar a un hábitat cálido y rico en sustancias de utilidad biológica, condiciones preciosas para la vida microbiana.

Acerquémonos a la primera: esta depresión se ubica en el interior de un cráter que está en el borde de la cuenca de Hellas, rodeada por depósitos glaciales viejos.

No hay marcianos, pero sí muchos adelantos científicos, en Marte

Las imágenes recogidas en el lugar por la *Mars Reconnaissance Orbiter* (MRO) son similares a las calderas de hielo terrestres de Groenlandia e Islandia, que son el resultado de la erupción de los volcanes que están bajo una capa de hielo.

En 2016, la NASA se decidió a analizar minuciosamente tanto esta primera depresión como la segunda, con el objeto de discernir si se construyeron como consecuencia de la actividad volcánica subterránea o por el impacto de algún asteroide. Se usaron pares de imágenes de alta resolución para crear modelos digitales de las depresiones que permitieron un análisis exhaustivo de su forma y estructura en 3D. Este estudio aportó datos sobre su forma y apariencia, y también sobre el material que se ha perdido en la formación de las depresiones. Además, mostró que las depresiones comparten forma de embudo; es decir, con un gran perímetro, que se va estrechando a medida que se profundiza. Esto era bastante inesperado.

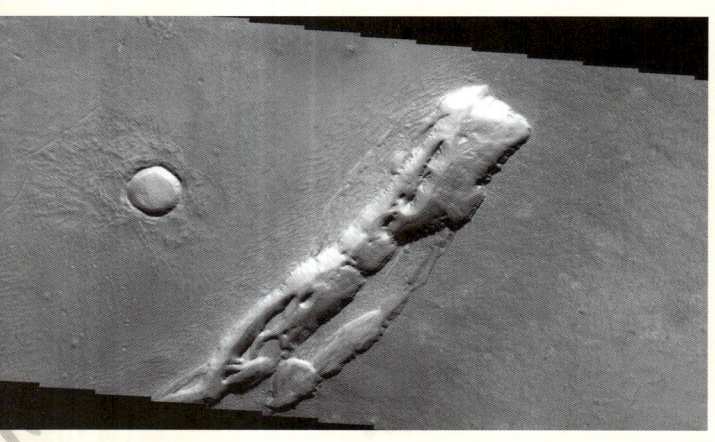

La imagen de la Mars Odyssey muestra una fractura en la parte norte del complejo volcánico Elysium Mons.

Pequeños detalles indican, a veces, grandes diferencias

Los escenarios de formación para ambas depresiones revelaron que seguramente se construyeron de modos distintos. El radio de la dispersión de los escombros de la segunda depresión, Galaxias Fossae, sugiere la idea de que es el resultado de un impacto, por ejemplo de un asteroide. Aunque no se descartan los orígenes volcánicos. En la primera depresión en la que nos hemos fijado (la de Hellas) hay muchos signos de su origen volcánico. Por ejemplo, no tiene restos de impacto y parece asociada con la eliminación de hielo por fusión o sublimación. La interacción de la lava y el hielo formando una depresión significaría posiblemente un ambiente con agua en estado líquido y nutrientes químicos aptos para la formación de moléculas bióticas (es decir, adecuadas para la vida).

> **# ESPERANZA.** Buscamos incansablemente vida en otros planetas, lugares en los que vivir si nuestra Tierra falla

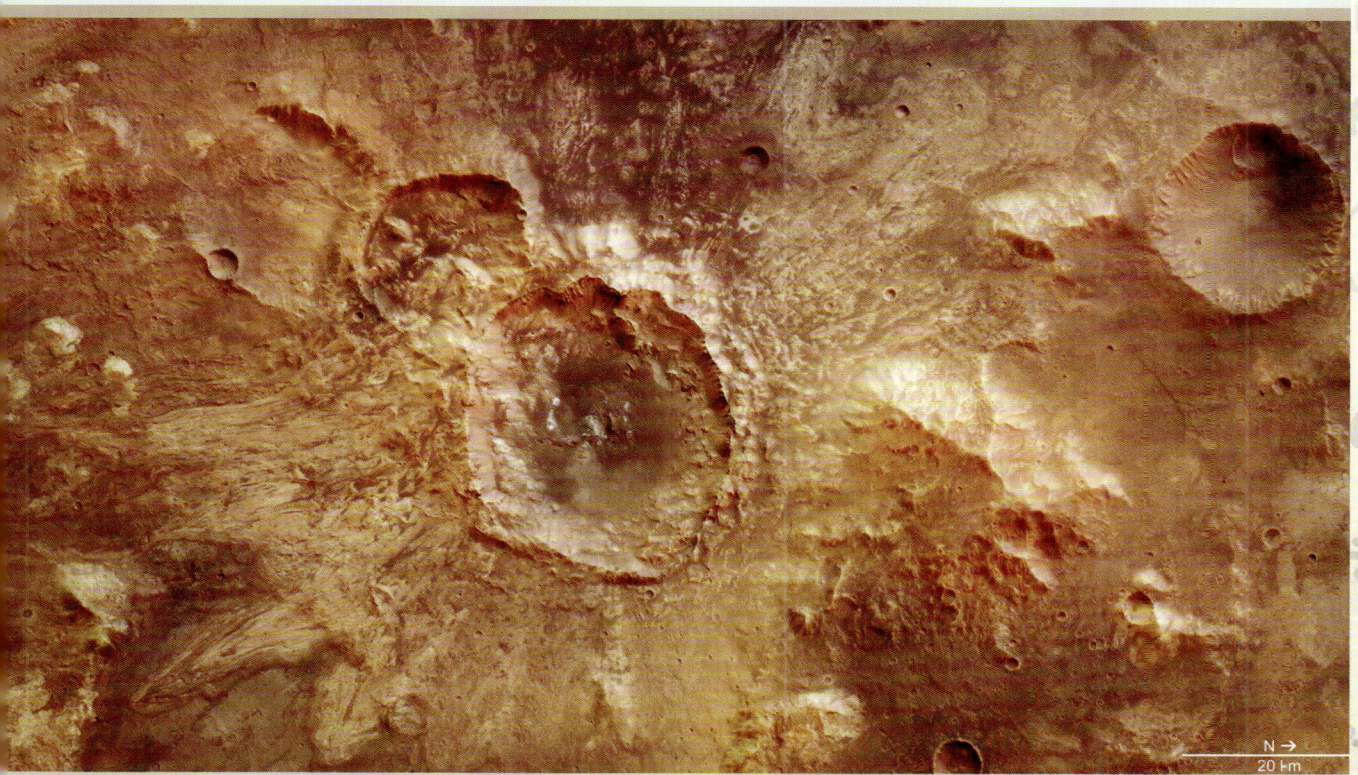

La imagen superior es una vista en color del cráter al norte de la cuenca de Hellas que fue adquirida por la cámara estéreo de alta resolución en Mars Express el 3 de mayo de 2017. El cráter tiene 32 km de ancho y se formó en el momento en que el ambiente era mucho más húmedo, como se ve en la naturaleza fluida de los restos excavados en él.

43 ¿Podemos saber qué tiempo hará?
Inexactitud de la predicción

Todo el mundo ha oído hablar del efecto mariposa, una expresión afortunada, patrimonio de todos, aunque muchos no la entiendan.

Su origen es meteorológico, pero su significado está arraigado en la teoría de los sistemas dinámicos (dicho *grosso modo* son los sistemas físicos que evolucionan temporalmente). La expresión resume la conducta caótica de estos sistemas que dependen de manera muy sensible de las condiciones iniciales o condiciones de partida. Dicho de otro modo, para un sistema caótico, incluso la menor perturbación en las condiciones iniciales debido, por ejemplo, a la presencia de una gaviota, o un saltamontes, puede conducir a situaciones dramáticas al otro lado del mundo; es decir, en el sistema físico general. De esta idea simple se sigue la dificultad de predecir la evolución de sistemas dinámicos deterministas como los hechos meteorológicos.

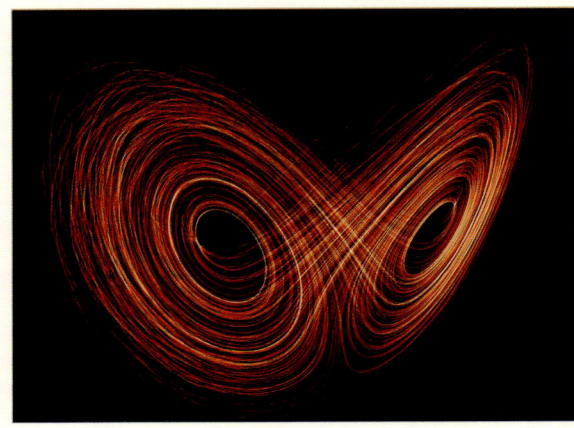

Representación en 3D de un atractor de Lorenz fractal, un ejemplo de sistema caótico que casualmente tiene forma de mariposa, para ilustrar el efecto mariposa.

El efecto mariposa está incluido en la teoría del caos

En la década de 1960, el meteorólogo Edward Lorenz trataba de explicar el comportamiento atmosférico con un modelo matemático de ecuaciones en variables manejables para predecir mediante simulaciones de ordenador el comportamiento de grandes masas de aire y hacer las predicciones meteorológicas fiables localmente. Consiguió ajustar el modelo a la influencia de tres variables que explicaban la variación en el tiempo de la velocidad y la temperatura del aire. Esas tres ecuaciones se denominan modelo de Lorenz.

Observó que pequeñas diferencias en los datos iniciales conducían a diferencias notables en los resultados obtenidos. Esas pequeñas perturbaciones o errores son la clave para explicar la dificultad a la hora de hacer predicciones fidedignas de la evolución de la atmósfera (la meteorología) a largo plazo. Son necesarios tantos datos iniciales y tanta precisión en los mismos que es inviable para las estaciones meteorológicas de recursos limitados y no pueden abarcar a todo el planeta.

El efecto mariposa

La pregunta de 1972 es la siguiente: «¿El aleteo de las alas de una mariposa en Brasil puede provocar un tornado en Texas?» Pero la pregunta técnica subyacente era: ¿es inestable el comportamiento de la atmósfera con respecto a perturbaciones de pequeña amplitud?, la mariposa señala que no es lo mismo, en el largo plazo, un mundo con mariposa o sin mariposa; es decir, un mundo con una pequeña perturbación o sin ella.

El tiempo atmosférico es un sistema dinámico y además es muy sensible a los cambios de sus variables iniciales y es también un sistema transitivo con órbitas periódicas densas, lo que hace de él un sistema apropiado para trabajarlo con matemática caótica. Esa es la razón de que los pronósticos meteorológicos a veces se alejan del comportamiento real del sistema. En general, esta expresión es válida para otros sistemas dinámicos en los que se hace a veces difícil hacer predicciones más allá de un cierto punto el horizonte de las predicciones.

 # EFECTO MARIPOSA. Pequeñas variaciones en las condiciones iniciales implican grandes cambios

¿Materiales inteligentes?
Los nanomateriales

La nanotecnología es una rama de la física de materiales y las matemáticas fascinante, donde se unen ciencia y técnica a pequeña escala.

Tengamos en cuenta que trabaja con medidas del orden de magnitud del nanómetro, 10^{-9} m = 0,000000001 m. Esta disciplina se ocupa de estudiar las propiedades de la elaboración y diseño de materiales y conlleva también la fabricación de nuevas estructuras y nuevas máquinas a escala molecular que viene a ser como elaborar nuevos materiales átomo a átomo. Así se fabrica por ejemplo el grafeno, que de manera sencilla consiste en una capa ultrafina de carbono, fantástica por sus útiles propiedades.

Las características básicas de los *metamateriales* difieren sorprendentemente de las que cabía esperar a tenor de las que tienen las sustancias de partida. Digamos que estos materiales se parecen bastante a los componentes de los circuitos integrados, o micromáquinas. Otras propiedades físicas en estudio de estos materiales se refieren a la capacidad de construir a su vez nuevas sustancias que permitirían dirigir la luz a regiones de menor tamaño que sus propias longitudes de onda donde no cabría entera una onda de luz; este hecho tiene relevancia para diseñar ciertas aplicaciones ópticas, o en sistemas de telecomunicaciones mediante ordenadores, muy potentes y veloces, esta tecnología todavía se encuentra en fase de desarrollo y estudio.

Muchos nanomateriales son derivados del carbono

Los *materiales inteligentes* en este ambiente de lo muy pequeño suponen también un avance innovador. En esencia consisten en sintetizar materiales que responden frente a estímulos externos, aumentar la duración de su vida útil, y resultar más confortables para el ser humano. También se maneja la idea de usar estos materiales por ejemplo en el mundo farmacéutico para elaborar sustancias ajustadas a cada situación con una mayor precisión que hasta ahora.

Un rayo electromagnético pasa por un metamaterial con refracción negativa, y muestra cómo se refractaría si fuera positivo.

Natural vs artificial

Los materiales naturales que existen en nuestro planeta tienen un índice de refracción positivo que provoca que la luz al incidir sobre ellos se desvíe y posibilita que sean visibles como son. Sin embargo, en nuestro planeta, los metamateriales no son naturales (lo cual no significa que no existan en otros mundos, dado que los podemos fabricar, quién sabe si es posible que existan en otras regiones del exterior). Desde el punto de vista de la física, los metamateriales son materiales que tienen gran capacidad de «curvar» las ondas electromagnéticas, como la luz, los rayos X, las ondas de radio, etc., esto se debe a que tienen un índice de refracción negativo. Estas sorprendentes características ópticas hacen que estos materiales tengan unas propiedades que nos dejan atónitos y cuyas posibilidades solo están comenzando a descubrirse.

Se fabrican dispositivos nanoelectrónicos para prestaciones de gran valor, en vehículos de alta precisión, y en medicina, donde los materiales inteligentes son muy útiles para producir músculos artificiales, o materiales que permiten detectar su propio deterioro y la pérdida de sus capacidades o rupturas.

 # NANOMATERIALES. El grafeno es el más conocido, pero hay otros como la nanocelulosa o el fluoreno

45 ¿Cómo funciona el microondas?

Ciencia para cocinar

Usar el horno de microondas es un gesto sencillo y cotidiano, que apenas valoramos, pero no siempre fue tan fácil y nuestros antepasados estarían asombrados.

Veamos los secretos del horno: funciona gracias al efecto térmico que tienen las microondas (ondas electromagnéticas de pequeña longitud de onda). Consta de un circuito, que convierte la energía eléctrica suministrada por la red en energía electromagnética (un campo electromagnético variable de 2,45 GHz, una elevada energía implicada en el proceso). Para crear este campo magnético variable, la tensión de la red se modifica y carga un condensador. A su vez, otro circuito electrónico se encarga de encender y apagar el circuito principal (que se corresponde con la carga y descarga del condensador) modulando la potencia emitida.

El metal no absorbe la radiación, por eso no podemos dejar cubiertos en el microondas

La energía se usa principalmente para amplificar las oscilaciones de las moléculas de agua contenidas en los alimentos y las proteínas, los lípidos, los glúcidos, y otras moléculas de tamaño similar y actúa sobre el dipolo magnético de estas moléculas. El mecanismo de calentamiento consiste, pues, en conseguir que las moléculas de agua que hay en los alimentos vibren cerca de 2.500 millones de veces por segundo. Moviéndose a esta velocidad se sobrecalientan alcanzando una temperatura tan elevada que la comida se cuece, y como toda la energía que se genera la absorben los alimentos, la cocción es mucho más rápida que por el método tradicional en el que se pierde una parte importante del calor que se genera.

En otras palabras, en el horno de microondas, las moléculas oscilan más rápidamente perturbadas por las oscilaciones del campo externo y esto se traduce en calor.

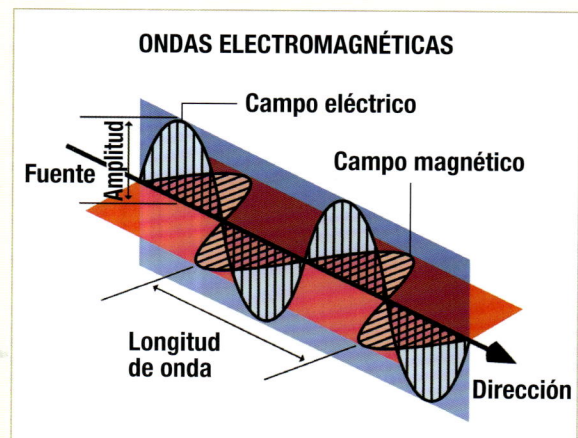

Esquema del funcionamiento de las ondas electromagnéticas de un microondas.

Dos minutos y listo

Al pulsar el botón de encendido de un horno microondas se activa un potente campo magnético, que oscila en la misma frecuencia que la televisión y el radar; es decir, generando un cañón de ondas que son las responsables de la cocción. La caja que conforma el horno inicialmente se calienta poco porque estas vibraciones afectan sobre todo a las moléculas de agua. Sin embargo, la comida caliente difunde en el interior del horno el calor y finalmente el sistema en su totalidad se calienta.

La cámara del horno es una especie de jaula de Faraday totalmente aislante que impide que las ondas electromagnéticas se transmitan y también la puerta frontal de vidrio está dotada de una especie de parrilla que impide a las microondas salir al exterior y sin embargo deja que la luz penetre.

> **# HORNO CONVENCIONAL. El calentamiento es inverso: absorbe el calor por irradiación y conducción y se transmite del exterior al interior**

46 ¿Cómo hacer un modelo científico?

Un ejemplo: la meteorología

Los conceptos de modelo, modelización (y el asociado de simulación) son de gran importancia en todas las disciplinas científicas.

El modelo físico-matemático se parece un poco al de maqueta, aunque este último es estático y concreto, y el primero alude a un sistema físico y requiere una reproducción material del mismo a una determinada escala de reducción o expansión. Un modelo suele estar constituido por una o más ecuaciones en las cuales las variables representan la propiedad del sistema real en estudio. El sistema real puede descomponerse en procesos e interacciones fundamentales que se expresan en ecuaciones insertas en el modelo.

Ante la dificultad de experimentar con la realidad, se utilizan computadores que la simulen

Un ejemplo que nos afecta a diario es la previsión numérica del «tiempo atmosférico», que es una aplicación del método experimental de Galileo. La complejidad de la atmósfera terrestre y la imposibilidad de realizar experimentos reales hace que el computador actúe como un laboratorio virtual. El científico tiene el control del sistema virtual y puede efectuar experimentos numéricos, y modificar fácilmente los elementos teóricos del modelo y las situaciones de los propios experimentos, cambiando los valores de las variables. Teniendo esto en cuenta, se pueden encontrar paralelismos entre modelos meteorológicos y climáticos.

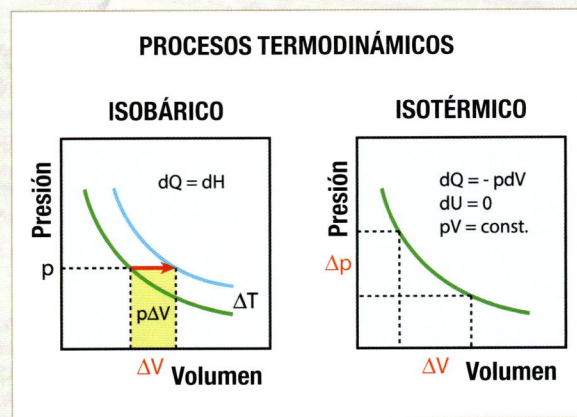

La ilustración muestra diferentes procesos termodinámicos con ecuaciones que tienen una correspondencia real.

Pero en los modelos climáticos, como los tiempos se tratan a escalas mayores, es necesario simular, no solo el sistema atmosférico, sino los modelos del sistema Tierra, que es más amplio, y considerar las interacciones con los otros subsistemas mediante condiciones de contorno (de partida o iniciales) impuestas. En cada caso, podemos desarrollar modelos numéricos de uno más sistemas acoplados de ecuaciones diferenciales. Las variables de estas ecuaciones tienen una correspondencia con el sistema real en magnitudes medibles. Así se pueden resolver numéricamente estas ecuaciones, obteniendo una estimación razonable y fiable.

Historia de los modelos climáticos

Esta aproximación fue utilizada por primera vez en 1922, con poco éxito y mucho trabajo, dado que los computadores electrónicos no existían todavía y en una etapa posterior (1950) con un éxito, que animó a empezar en una nueva dirección con los computadores electrónicos y desde entonces hasta nuestros días, las mejoras son conocidas por todos. El siguiente paso vendrá seguramente de la mano de la computación cuántica.

Lo que nadie duda es de que los modelos climáticos son una herramienta esencial para la predicción del clima y aunque hay errores sistemáticos que todos los investigadores asumen, en realidad esos errores son de una magnitud muy similar a los que se producen de forma natural en el clima y por tanto, una parte más de aquello que se quiere simular.

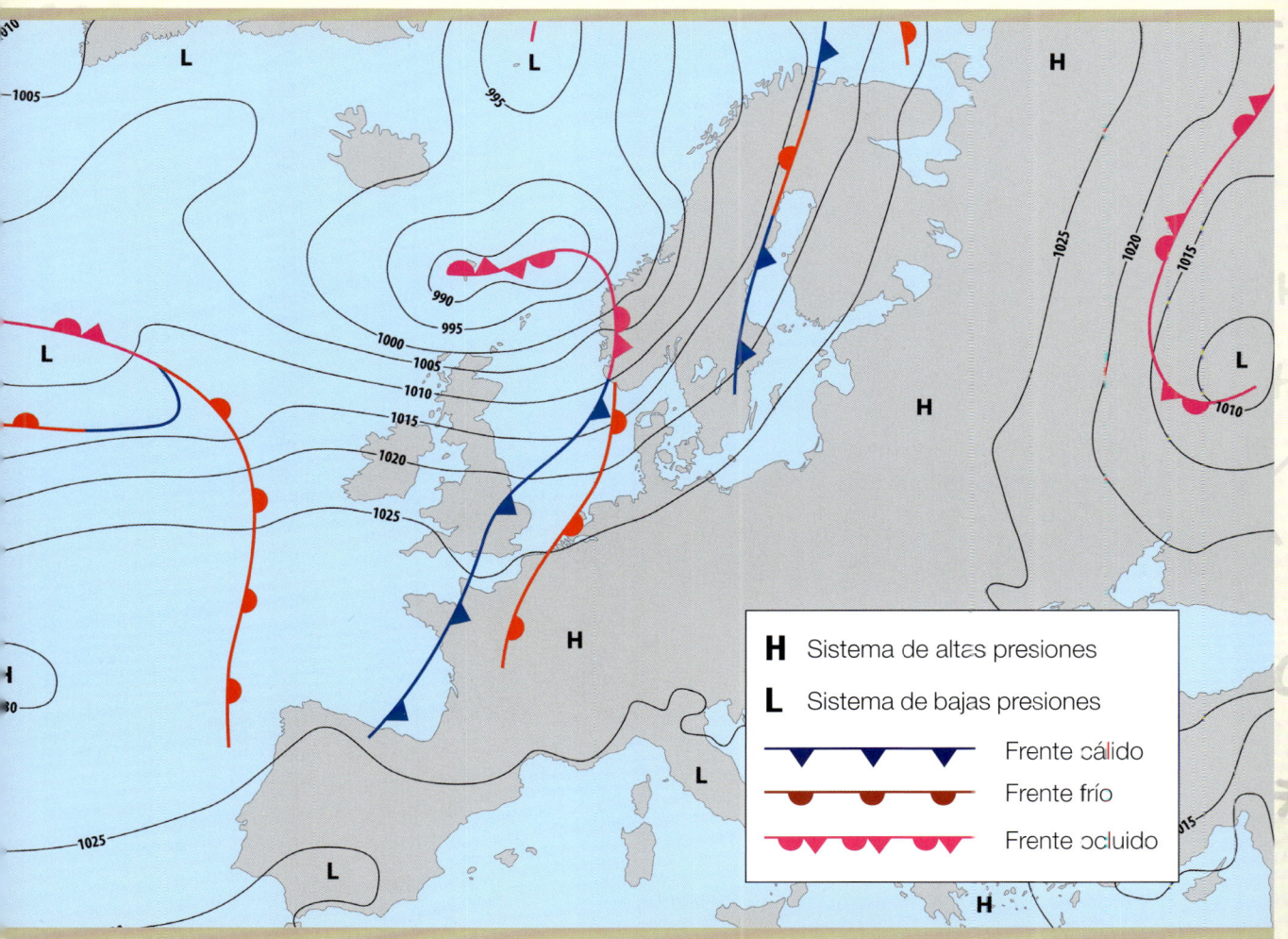

¿FIABLE? La correspondencia de las ecuaciones del computador con el sistema real no es siempre perfecta

47 ¿Qué tenemos de primates?
La etología

Etología es la ciencia del comportamiento animal y mediante su estudio aprendemos a comprender a otros primates, muy similares a nosotros mismos.

En muchas especies de mamíferos que tienen una vida larga, se ha comprobado que la atención materna tiene un efecto profundo y directo en la integración de las crías en entornos sociales complejos. Para realizar estos estudios en chimpancés y otros primates, se tienen en cuenta rasgos como la experiencia de la madre, su edad, la ansiedad y el rango de dominancia, así como el sexo infantil y la presencia o no de hermanos.

La interacción madre-hijos en las primeras etapas de la vida de los pequeños primates tiene efectos en su desarrollo social y cognitivo. Así, se observa que los diferentes estilos en los primeros cuidados son relevantes para analizar las personalidades de los futuros adultos, de modo similar a lo que ocurre con los seres humanos. De ahí la importancia del análisis certero de las modalidades en que se afronta el cuidado de la descendencia al comienzo de su vida. En paralelo, el estudio de estos vínculos materno-filiales es una herramienta para entender el desarrollo de la mente humana y la evolución de nuestra especie.

La conducta animal de otros primates puede ser el espejo en el que mirarnos

El hábitat natural de los chimpancés salvajes es mucho más gratificante para los especialistas al realizar estos estudios y obtener resultados concluyentes. Aspectos que tienen gran influencia y conviene tener en cuenta son las personalidades estructurales de las cuidadoras; por ejemplo, madres independientes tienden a permanecer más tiempo alejadas de sus bebés e interrumpen con más frecuencia el contacto; por el contrario, madres protectoras mantienen relaciones con sus crías más prolongadas, intentan retenerlas junto a ellas y las vigilan durante periodos más prolongados. Parece que estamos tratando de nuestros parientes y vecinos.

Observando la conducta de una familia de primates aprendemos sobre nosotros mismos.

Y qué hay de la vida adulta

No solo estas conductas maternales con recién nacidos nos confrontan con nuestra propia historia como seres humanos, sino también otros comportamientos de los chimpancés adultos nos sirven de referencia para auto-interpretarnos; un ejemplo simpático son las conductas altruistas. Los primatólogos han observado que los chimpancés adultos pueden llevar a cabo un comportamiento colaborativo y generoso o, por el contrario, quizá por miedo o inseguridad, mostrarse egoístas.

Un experimento consistió en aislar un chimpancé de un grupo situándolo a un lado de una suerte de valla donde había alimentos, de los que podía disponer de modo relativamente sencillo, mientras que su grupo al otro lado no tenía acceso. Se observó que con un cierto esfuerzo hizo llegar parte de los alimentos a sus compañeros. Este modo cooperativo de relación fue reconocido y agradecido por el resto de la comunidad.

PRIMATES. Son capaces de involucrarse en acciones que conllevan un coste personal, pero que sirven al resto de la comunidad

48 ¿Cómo se relacionan la Tierra y la Luna?

¡Para echarse a temblar!

El sistema Tierra-Luna es el de una pareja de cuerpos rocosos que se equilibra mutuamente y gira solidariamente como una única estructura.

Esta íntima relación evolucionó en paralelo con la del sistema planetario hasta lograr la situación actual, que es bastante estable, pero que no perdurará así indefinidamente, puesto que se sabe que la Luna se está alejando del planeta a una velocidad aproximada de 3 cm al año. En la actualidad, se halla a una distancia media de 370.000 km, pero hace 4.500 millones de años, estaría como máximo a 30.000 km. En muchos aspectos sigue siendo un mundo fascinante y lleno de incógnitas que vamos a explorar. Veamos una conducta diferente de nuestro satélite y de la Tierra.

La misión Apolo 12, lanzada en el año 1969, tenía como objetivo realizar varios experimentos lunares, uno de ellos casi póstumo o de despedida en el viaje: realizar mediciones de seísmos de impacto. La idea era, tras abandonar la Luna, hacer impactar el módulo de servicio; es decir, la parte superior del «lander» o el módulo de aterrizaje, de forma consciente y programada sobre la superficie del satélite para observar qué era lo que ocurría entonces.

Las curiosas diferencias Tierra-Luna nos ayudan a entender mejor nuestro planeta

Y es que la Luna se comporta de forma muy diferente a la Tierra en lo que se refiere a los seísmos. Dado que nuestro satélite es un cuerpo frío y seco, reacciona al estrés como un cuerpo rígido (por ejemplo, una campana). Esto hace que los terremotos lunares superficiales duren un tiempo «infinito», por ejemplo de hasta 10 minutos, mientras que en la Tierra un terremoto que dure medio minuto es un seísmo que se considera ya muy prolongado. Sin embargo, se ha observado que los seísmos que se originan a mayor profundidad se extinguen antes; lo cual es un claro indicio que nos hace presuponer que el interior de la Luna está probablemente fundido.

Esquema de la Ley de Gravitación Universal de Newton en el que se observa cómo Luna y Tierra se atraen y se alejan.

Mareas y terremotos "lunáticos"

Los terremotos lunares se originan, parcialmente al menos, por los efectos mareales que la Tierra produce sobre el satélite. Este es un fenómeno de interacción mutua: del mismo modo que la Luna origina las mareas en la Tierra, la Tierra causa las mareas en la Luna, y dado el mayor tamaño del planeta, estas son de mucha mayor amplitud. En la Luna no hay superficie líquida, pero la atracción de la Tierra, como la que se ejerce en general entre otros cuerpos cualesquiera, también se efectúa sobre la parte sólida que, en el pasado remoto, cuando la Luna no presentaba siempre la misma cara a la Tierra, seguramente produjo elevaciones significativas de la superficie.

Esta variación en el nivel del suelo actuó en la época de la formación del sistema planetario Tierra-Luna como una especie de freno o ralentización de la rotación de la Luna, en cierta manera, de modo similar al efecto de ralentización que un neumático parcialmente desinflado ejerce en el movimiento de una bicicleta. Poco a poco, esta especie de freno ha ido sincronizando la rotación de la Luna con su órbita alrededor de la Tierra.

 # ACOPLADOS. En la Luna, el movimiento de rotación (spin) y el de traslación (órbita) están acoplados

49 ¿Qué es el ordenador cuántico?

El futuro computacional

Asumimos que la potencia de cálculo de los ordenadores crece simultáneamente a la miniaturización de sus componentes.

Hasta tal punto es así que nos hemos instalado en el mundo de las dimensiones gestionables solo en escala microscópica. Una vez más, la imaginación creadora supera a la ciencia ficción y los teóricos de las ciencias computacionales se introducen en el pequeño gran mundo de la física cuántica. Se desarrolla una tecnología que se traslada al mundo computacional, y sirve para crear una máquina –el ordenador cuántico, aún en fase embrionaria– de cálculo automático, con una potencia que torna obsoletos súbitamente a los más potentes ordenadores.

Nuestras máquinas computadoras reconocen y admiten solo estados binarios (bit) como on/off, encendido/apagado, sí/no, 0/1, que trabajan como interruptores encendiendo y apagando los chips en el interior de los transistores miles de millones de veces por segundo, efectuando sucesivamente sus operaciones. El mundo cuántico conlleva un tercer estado (quantum bit o qubit); es decir, además de los dos estados clásicos de la teoría binaria (cero o uno), se pueden dar simultáneamente ambos (cero y uno).

Las aplicaciones del ordenador cuántico van desde el descubrimiento de nuevos fármacos hasta construir estructuras moleculares.

El ordenador cuántico es un superordenador capaz de calcular a velocidad inesperada

El ordenador cuántico analiza simultáneamente, no sucesivamente, todas las posibilidades para resolver un problema. Emplea los estados cuánticos de la materia, utilizando la propiedad cuántica de la superposición. La velocidad y la potencia del cálculo depende de la cantidad de qubit que haya. Un qubit puede efectuar simultáneamente dos cálculos sobre dos números diferentes. Dos qubit admitirían cuatro números diferentes, tres núcleos trabajarían sobre ocho números... 20 núcleos efectuarían cálculos sobre varios millones de números y así sucesivamente, realizando en segundos cálculos que hoy tardan años.

Fabricación de ordenadores cuánticos

Los procesadores cuánticos, para funcionar correctamente, deben enfriarse casi hasta el cero absoluto 273 K. Porque de otro modo cualquier débil campo electromagnético, mínimas vibraciones, insignificantes variaciones de temperatura, o cualquier obstáculo a la superposición durante el proceso, podrían producir errores de cálculo. Eso hace que sea difícil y costoso llevar a la práctica esta tecnología, por ahora.

La computación cuántica se aplica a trabajos que precisan ejecutar simultáneamente muchas operaciones complejas del mismo tipo. Ambientes donde la utilidad de estos ordenadores es clara es la criptografía, por ejemplo la utilizada en la banca. También en investigación y desarrollo donde grandes cantidades de datos podrían explorarse en un instante. Se podrían elaborar simulaciones complejas velozmente y obtener por ejemplo previsiones meteorológicas más precias para periodos de tiempo mayores.

> # NO PARA USUARIOS. El ordenador cuántico está pensado para grandes corporaciones y centros de investigación

50 ¿Qué es la biotecnología?

Ejemplos domésticos

Biotecnología está formado por dos palabras griegas: "bios" (vida) y "technikos", (técnica), o las habilidades manipulativas del conocimiento.

Como estudio estructurado es actual, pero la idea en que se fundamenta es antigua; los seres humanos han usado procedimientos biotecnológicos (de modo inconsciente) haciendo vino, pan, yogur o queso. Hoy se emplean conocimientos de biología molecular y de otras ciencias y se sirve de seres vivos como bacterias, levaduras, células vegetales y animales, para producir resultados útiles en los campos de la salud, la agricultura, la industria y el medioambiente. La biotecnología está oculta en cosas bastante comunes y cotidianas y por tanto nos resulta relativamente fácil detectarla. Con una mirada retrospectiva, hemos de remontarnos al siglo XIX, cuando estos procesos comenzaron a ser comprendidos en los estudios que Louis Pasteur (1822-1895) realizaba cuando se dio cuenta de que en algunas transformaciones alimenticias del tipo de las que hemos venido enumerado estaban implicadas microorganismos desconocidos. Sus estudios, el nacimiento de la biotecnología, sirvieron para sentar las bases de los procesos de fermentación que se desarrollan en la bio-industria actual, que se sirve de cultivos de microorganismos para producir alimentos o bebidas.

Antibióticos, vacunas e ingeniería genética dependen de la biotecnología

La línea divisoria entre los conceptos clásicos de carácter biotecnológico y la biotecnología innovadora está representada por la tecnología del ADN recombinante (ingeniería genética), desarrollada en los años 1980. Este término se refiere a un conjunto muy diverso de técnicas que le permiten aislar genes, clonarlos, e implantarlos en un huésped distinto del original; en consecuencia, las células receptoras adquieren nuevas características adaptadas a las necesidades específicas para las que se quieren emplear.

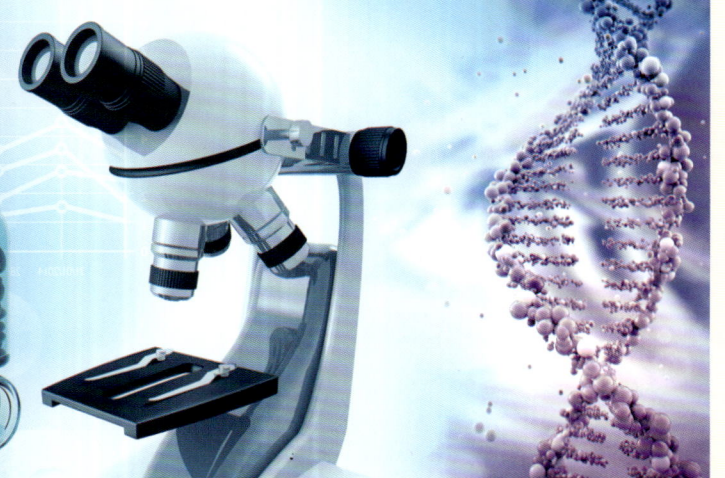

La ingeniería genética puede manipular la información del ADN para mejorar determinada especie.

Un buen vino

La mejora en el conocimiento y comprensión de los procesos químicos que tienen lugar en las fermentaciones alcohólicas, por ejemplo, ha llevado a refinar y perfeccionar mucho la calidad en la fabricación de los vinos, ayudando no solo en términos de conservación, sino también de sabor, olor, y adecuación con el tipo de alimentos con el que es más adecuado saborearlos. Al mismo tiempo ha proporcionado mayor estabilidad a la hora de desplazarlos y trasladarlos a lugares alejados de su región de origen sin perder propiedades.

Las exigencias actuales en cuanto a calidad y seguridad de los alimentos, a lo que se añade la preocupación medioambiental de su industrialización, son un reto para la biotecnología aplicada a campos como este del vino. Para la fermentación del vino se utilizan levaduras comerciales inoculadas año a año, con la intención de lograr vinos homogéneos.

POR COLORES. Según sus aplicaciones, la biotecnología se clasifica por colores

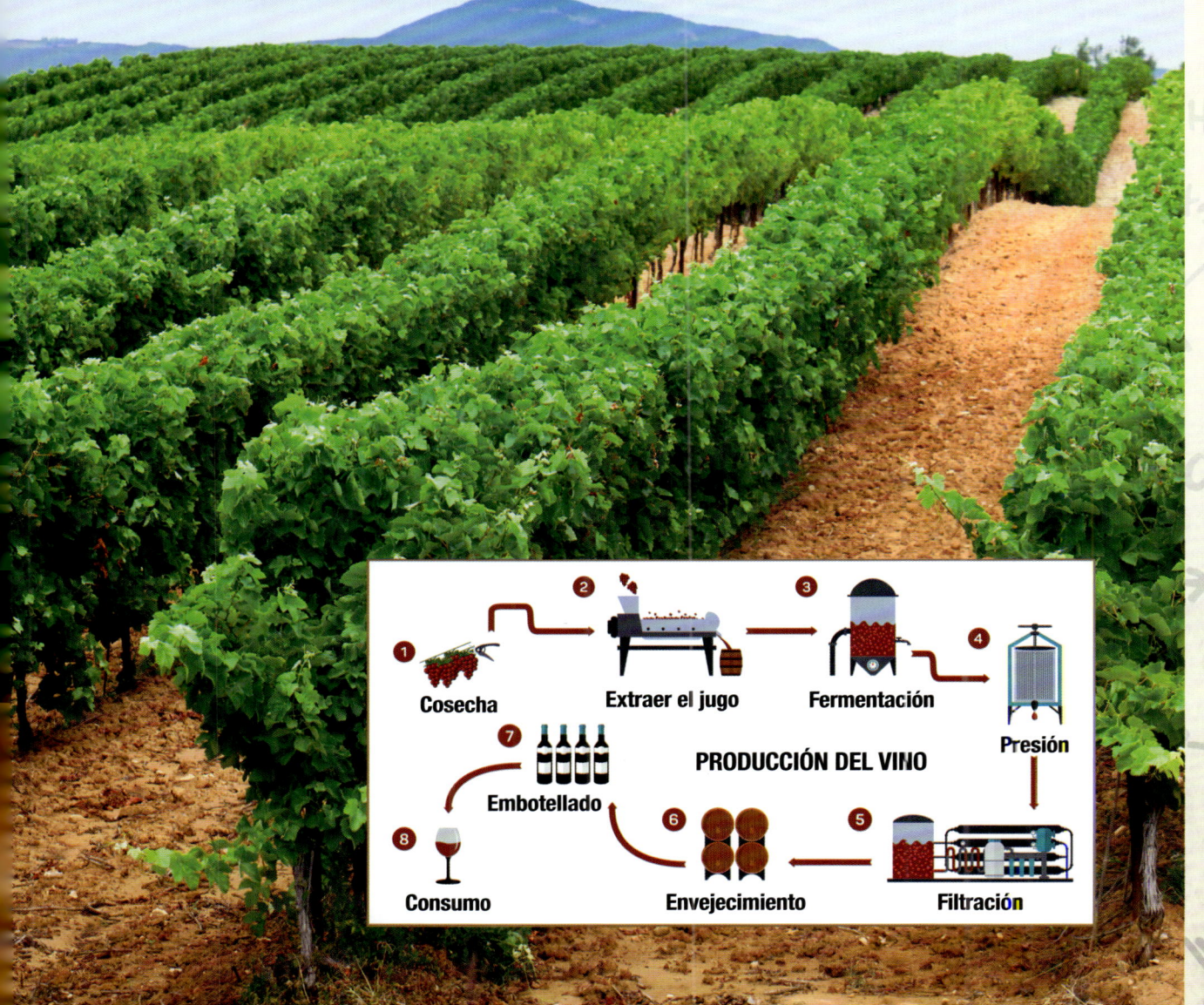

51 ¿Podemos pilotarlo todo?

Vuelo casero e interplanetario

¿Es igual tratar de dominar un avión o un tren que un transbordador espacial? Digan lo que digan las películas, no es lo mismo.

Cualquier aficionado a los viajes galácticos que explore la viabilidad de «embarcarse» en alguno, aunque sea a modo de ensoñación, visualiza con facilidad hábiles astronautas-pilotos evadiéndose de toda suerte de extravagantes peligros, a base de maniobras casi acrobáticas propias de navegación aérea. Estas fantasías se ven alimentadas y reforzadas en numerosas ocasiones por películas que en general cometen errores en la forma de gobernar la navegación que suelen pasar desapercibidos por los no especialistas.

El piloto es decisivo ante maniobras de acoplamiento o cambios de órbita

Uno de ellos consiste en el cambio de trayectoria de la nave en tiempo real como si se tratara de un avión convencional, que suele ser efectuado gracias a la pericia del equipo que pilota. Pero las maniobras reales en las naves espaciales no se asemejan a las que efectúan los pilotos de aeronaves terrestres. En realidad, las órdenes y maniobras personalizadas solo son eficaces en algunos casos particulares como el del transbordador espacial (shuttle), que, al entrar en la atmósfera, funciona como un gran avión (más o menos) y ahí puede resultar interesante la destreza humana en

Fotografía que muestra un cohete espacial en el hangar antes de ser pilotado en un viaje que será similar a uno en tren.

algún momento. Otra situación de intervención directa de los pilotos se produce si se pretenden realizar maniobras de acoplamiento entre dos naves, o entre el transbordador espacial y la estación espacial internacional, por ejemplo.

Por el contrario, un viaje interplanetario en régimen de crucero se «parece» más a un viaje en tren, en el que las vías han quedado previamente determinadas por una ecuación diferencial y por las condiciones iniciales, y por eso, para cambiar la ruta, hay que modificar los parámetros orbitales y por tanto las condiciones iniciales (posición y velocidad en un determinado momento).

Rutas interplanetarias (sin google maps)

Verdaderamente, cambiar de órbita es un asunto delicado y no se puede improvisar, como hacen los héroes de las películas cuando el enemigo persigue su nave. ¡Las productoras cinematográficas tienen soluciones verdaderamente espectaculares al alcance de los protagonistas! Pero esa no es la realidad.

Las condiciones físicas en el ambiente interplanetario real son bien distintas que en el doméstico, y eso obliga a solucionar problemas no siempre equiparables a los habituales en la Tierra. Algunos de los momentos más delicados del viaje de las naves espaciales se producen precisamente al realizar maniobras orbitales; es decir, sin salirse de la propia órbita, y también los pasos de una órbita a otra llamados comúnmente saltos entre órbitas (las transferencias orbitales). Algo así como realizar maniobras que no sean las del avance previsto en los propios raíles o el paso de unas vías a otras.

CIENCIA FICCIÓN. La ficción suele olvidarse fácilmente de la ciencia, que es la que rige la realidad de la vida

52 Propulsión de vehículos espaciales

¡No hay estación de servicio!

Los viajes espaciales son largos por definición y tienen la dificultad de obtener suficiente combustible para cumplir la misión.

La Tierra cada vez es más «gordita», esto sucede porque material de diverso origen incide sobre ella constantemente. El Sol y las naves espaciales, sin embargo, se van estilizando con el transcurso de su actividad; es decir, les ocurre el fenómeno contrario. Veamos someramente lo que sucede. La masa de nuestra estrella preferida va disminuyendo su masa, principalmente por la radiación que emite, y eso afecta a su interacción gravitatoria (que depende de la masa) con cada planeta por separado, y también a su relación con otros cuerpos con los que interactúa. Esta redistribución de masa asimismo influye en la dinámica que se produce en la totalidad del sistema.

Las naves espaciales van perdiendo masa de combustible en su viaje, lo cual incide sensiblemente en su relación, de una parte, con el planeta de partida que de momento es el nuestro (también con el resto de cuerpos presentes en el viaje), y de otra parte, con las posibilidades de su propio alcance en el viaje. La relación entre el tamaño del vehículo y el combustible necesario para garantizar la viabilidad del viaje teniendo en cuenta, además, el instrumental que se pretende transportar, es un reto a superar.

Posibles soluciones son gastar menos combustible o buscar fuentes de energía alternativas

Debido a que en las rutas interplanetarias no es posible encontrar estaciones de servicio disponibles, y por lo tanto el vehículo espacial necesita llevar consigo al partir la cantidad de combustible que precisa para llevar adelante el viaje previsto, la nave ha de ser autosuficiente (o como alternativa, servirse de fuentes de energía no usuales en nuestros desplazamientos y actividades terrestres). De ahí que haya que encontrar la relación óptima entre la trayectoria, el tiempo invertido y la vida útil del vehículo para diseñar mejor el itinerario del viaje.

La investigación de los combustibles o fuentes de energía alternativas corre paralelamente a la carrera espacial.

Planear muy bien el uso del combustible

Hay que tener en cuenta, también, que la duración en buenas condiciones y en plenitud de operatividad de las naves espaciales es un lapso muy breve en comparación con el tiempo de vida de los astros; pero eso nos da también la ventaja de que sabemos que estos últimos en el corto plazo tienen la estabilidad de sus trayectorias garantizada, lo que permite decidir la ocasión y el lugar de la toma de contacto de una nave de origen terrestre con determinado cuerpo. La noción de optimización del viaje espacial es distinta a nuestra idea habitual de viajes sobre la superficie de la Tierra en la que prevalece, por ejemplo, la necesidad de invertir el menor tiempo posible (disponemos de poco tiempo vital) o minimizar el coste en términos económicos (ahorro energético). Expresado de otra manera, las condiciones principales no son exactamente similares en ambas situaciones.

 # COMBUSTIBLE. Es uno de los problemas más difíciles de resolver en los viajes espaciales

53 ¿Números que curan?

Matemáticas contra epidemias

En las epidemias el problema, en ocasiones, no es hallar el remedio curativo, sino más bien la manera de suministrarlo de la mejor manera posible.

A veces se producen errores, como el suministro masivo e innecesario de vacunas, o la pérdida del control de la expansión de la epidemia. Para evitar las alarmas erróneas, que tornan incrédulos a algunos sectores de la población, no solo hay que fabricar vacunas seguras, sino que hay que hacer previsiones fiables del desarrollo del contagio para controlar el ámbito de la difusión y escoger la mejor estrategia de intervención.

Las organizaciones sanitarias de todo el mundo usan desde hace muchos años decenas de modelos matemáticos basados en ecuaciones diferenciales, tanto para vacunaciones rutinarias, como para afrontar los momentos de emergencia. La idea básica es clasificar a la población general en tres grupos: los infectados, los susceptibles de infectarse y los excluidos (inmunizados, en cuarentena, muertos, etc.). El modelo hace la hipótesis de que los sujetos susceptibles de contagiarse tienen una cierta probabilidad de infectarse relacionándose con personas enfermas. Transcurrido cierto tiempo, los infectados pueden pasar al grupo de los excluidos en cualquiera de sus formas, también esto con una probabilidad determinada. Con estas premisas, determinando por tanto dos parámetros, el grado de contagio y el tiempo de curación, es posible tratar de realizar extrapolaciones y confrontarlas con los datos reales.

Un modelo matemático ajustado a la realidad es un seguro de vida

Se han efectuado estudios de situaciones reales adaptándolas al modelo para comprobar su utilidad. Algunas epidemias antiguas estudiadas fueron una peste en Bombay a principios del siglo pasado, y una epidemia estacional de gripe en Italia en los primeros años de este siglo. Por resumir el estudio, que estaba lleno de datos matemáticos, fórmulas y gráficas, en estos ejemplos el modelo resultó bastante compatible con la realidad.

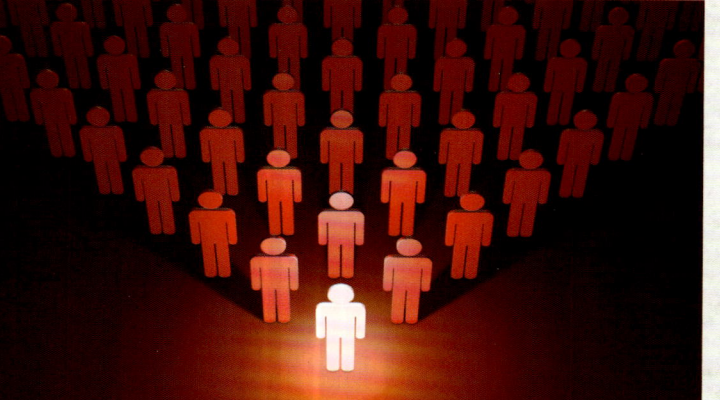

El contagio humano ante una crisis de epidemia puede preverse gracias a la magia de las matemáticas.

Factores medibles importantes en la evolución de una epidemia

Mediante los modelos matemáticos se descubrió a posteriori un hecho bastante intuitivo: en una infección hay un parámetro básico, «el número reproductivo básico», que representa el número medio de individuos infectados por cada sujeto enfermo. Intuitivamente, si este número fuese inferior a 1, entonces el foco de infección desaparecería rápidamente. En caso contrario, se tendría un periodo de crecimiento exponencial del número de infectados, hasta que el número de los posibles infectados decayera hasta desaparecer debido a que los contagiados reales han alcanzado el máximo, y la posibilidad de infectarse sea de nuevo menor que 1.

Es difícil medir directamente el número de individuos contagiados por cada enfermo, por eso se han desarrollado varias técnicas indirectas de estimación. Además, con la potencia de cálculo de los ordenadores, se simulan modelos más elaborados y por tanto se evalúa el efecto atendiendo a medidas muy precisas.

MUY ÚTIL. La salud mundial puede depender de los cálculos matemáticos

54 ¿Ciencia en las redes sociales?

Nodos y enlaces

Casi todos hemos entrado en contacto con las redes sociales, pero pocos sabemos cómo son las estructuras que denominamos redes.

Seguramente, la primera red social auténtica a escala mundial tuvo sus orígenes y el precedente principal en un estudiante de Harvard que, en el año 2003, creó un proto-facebook, que ha llegado a ser la primera red social mundial. Esta primera gran red social nos servirá como ejemplo de lo que son las redes sociales desde el punto de vista matemático.

Al matematizar un concepto como el de red se encontró y se definió un parámetro interesante, el «índice de centralidad». Conviene saber que el análisis de las redes sociales es útil en muchos otros contextos lejos de la pura matemática, como por ejemplo la biología, la economía o la sociología.

La red social parece un juego, pero encierra un mundo matemático fascinante

La estructura matemática principal en las redes sociales mejor organizadas es en esquema el siguiente: una red está formada de dos elementos básicos, que son los nodos y los enlaces. En el caso del ejemplo inicial, los nodos serían los usuarios individuales, y los enlaces serían la expresión matemática de «la relación de los amigos» entre sí. Atención, porque esta estructura es similar, por

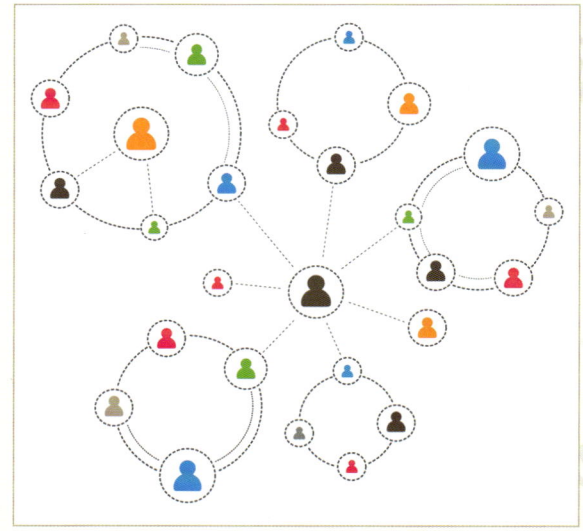

Vista gráfica de nodos y enlaces de una red social: el nodo es el usuario y los enlaces, la relación de los amigos.

ejemplo, si lo que pensamos es en la red de ferrocarriles, donde los nodos están ocupados por las estaciones y los enlaces son los trenes que unen las estaciones entre sí.

Para ampliar la visión, y mejorar el análisis, pensemos en otros ejemplos cotidianos, como podría ser el de una trama de una novela, o de una película; en esos casos, los nodos serían los personajes y los enlaces, las relaciones representadas por sus diálogos.

¿Quién es el más popular?

Sigamos con nuestros amigos y veamos quién es el que tiene a su vez más amigos o es más popular o famoso. O en un ejemplo genérico, cuál es el personaje principal en una trama (novela, película, etc.). Vamos a pensar también qué entendemos por principal, importante, popular, etc. Este análisis puede llegar a ser muy exhaustivo, porque depende del significado que se le dé a «importante»; quizá ser influyente ideológicamente, o tener poder económico, o carismático, etc. Y cualquiera que sea el criterio de popularidad o de fama sirve para construir un distinto índice de centralidad. Aquí usamos el modo más básico de medir la centralidad, que se basa en el número de amigos que tiene cada individuo de la red. Pero ser el amigo más simpático o sociable no siempre es sinónimo de ser el más importante matemáticamente. Supongamos que un individuo tiene «pocos» amigos en su red; sin embargo, entre sus escasas relaciones figuran dos líderes de sendos grupos bien diferentes. Entonces, este personaje puente entre grupos es el que nos interesa. Puede ser amigo del jefe de una asociación de esquí y de un director de orquesta, y ser el enlace entre estos dos grupos que no tienen conexión natural entre sí. Este tipo extravagante que solo tiene dos amigos, quizá sea el más importante matemáticamente. ¡Curiosidades de las redes!

ÍNDICE DE CENTRALIDAD. Es el que determina la importancia relativa de un usuario en las redes

55 ¿Es este el único universo posible?

Reiniciar el universo

La ciencia intenta dar cuenta de nuestro único universo como sistema físico total a partir del conocimiento de las leyes físicas locales.

Esta visión parcial nos obliga a construir un modelo cosmológico que nos permita dar una visión general. Es lo más accesible que tenemos en nuestra mano de momento. Pero utilizar leyes locales significa que no podemos distinguir entre condiciones iniciales de principio del universo y leyes observables localmente. Por eso, lo que parece ser una ley física inviolable no podría reflejar, en efecto, más que leyes propias de nuestro entorno en el universo. Así pues, en tanto que no tenemos acceso a otros posibles universos, una ley física inviolable habla de nuestro propio universo, pero nada más.

Sin embargo, nosotros, individuos tecnológicos, podríamos pensar en la opción de reiniciar nuestro universo, algo que parece poco factible de inicio, o tal vez no… Por ejemplo, a modo de hipótesis de pensamiento, cabría la idea, caminando de la mano de la mecánica cuántica (la física de lo más pequeño), de que si el universo estuviera en evolución también cambiarían sus leyes y las constantes fundamentales, en general sobre las que se sustenta la descripción del universo, lo que sería una manera de empezar de nuevo o dicho de otro modo, de reiniciar.

Estudiamos un único universo con leyes físicas locales

Tengamos también presente la presunción de que los valores que toman los parámetros fundamentales no dependen del espacio y del tiempo, que se puso de manifiesto cuando Einstein enunció el principio de equivalencia, que es la base de la relatividad general y se sostiene sobre tres hipótesis: la universalidad de la caída libre, la invarianza de la posición local y otra invarianza de carácter más matemático también local que aquí no cabe, todas implican como protagonista la gravedad, que es la que condiciona cada una de estas afirmaciones. La explicación está fuera de lugar, lamentablemente, en estas páginas y solo es interesante para los expertos.

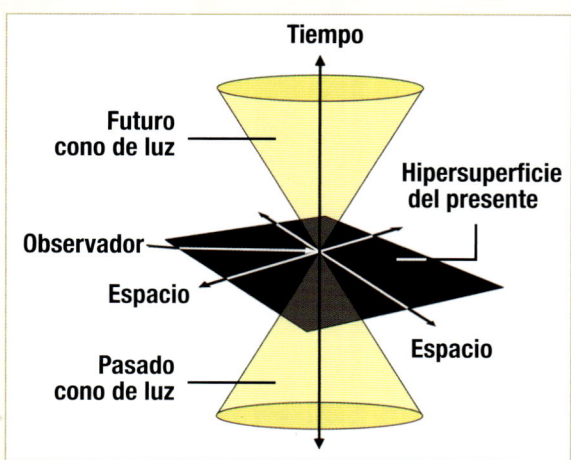

Diagrama de la Teoría Especial de la Relatividad: muestra la relación entre el tiempo y el espacio en el pasado, presente y futuro.

Constantes fundamentales

Hasta el siglo XIX no apareció el interés científico por establecer las constantes fundamentales como método de trabajo. En 1851 Weber propuso el sistema de unidades eléctricas similar al sistema métrico y solo diez años después, William Thomson y James Clerk Maxwell dieron con un sistema internacional de estándares eléctricos ante la creciente demanda de unificación.

La cuestión de las constantes fundamentales la puso en primer plano otro gran científico, según el cual las constantes muy grandes o muy pequeñas no deberían formar parte de la leyes de la física y tendrían que considerarse parámetros variables que definen el estado físico del «sistema universo». Las observaciones astrofísicas desmontaron estas hipótesis. Posteriormente se están desarrollado otras, pero no hay nada definitivo.

> **# LAS CONSTANTES FUNDAMENTALES**
> hacen único a nuestro universo, distinguiéndolo de otros posibles

56 ¿Respiro, luego me oxido?

Estrés oxidativo

Así somos: las células que forman los tejidos de los organismos vivos se van oxidando debido a su relación inevitable y necesaria con el oxígeno.

Este efecto se bautizó con el impactante nombre de «estrés oxidativo». Los componentes celulares en este proceso van deteriorándose o envejeciendo hasta destruirse. Estos efectos a veces se asocian con algunas enfermedades que padecen los organismos vivos en que tiene lugar este proceso, como los seres humanos. Pero este es solo un aspecto, el negativo. Sin embargo, al remontarnos a los inicios de la vida sobre nuestro planeta, hace 4.000 millones de años más o menos, vemos que la atmósfera terrestre carecía de oxígeno, y eso propició que se originaran algunos compuestos químicos que dieron lugar a la formación de organismos unicelulares, por ejemplo, las bacterias.

Un efecto ambiental que comenzó a producirse fue la fotosíntesis, pura innovación biológica, que básicamente consiste en captar la energía del Sol y convertirla en alimento para organismos que, como residuo, liberan oxígeno a la atmósfera. Además, a eso hay que añadir algunas conmociones geológicas. Los historiadores de nuestro planeta denominan a este conjunto de procesos el gran evento de la oxidación, que es la contaminación por oxígeno que tuvo lugar durante ese periodo geológico.

La oxidación es la vida, pero también el deterioro

La adaptación al ambiente oxidante dio origen a los organismos aerobios que resultaron triunfantes y comenzaron a vivir y desarrollarse con profusión en presencia de oxígeno, los que no se adaptaron a esta situación ambiental intentaron sobrevivir en lugares carentes de oxígeno. Los organismos adaptados evolucionaron y aprovecharon el oxígeno y sus derivados, por ejemplo mediante la respiración, que sirve para convertir la energía química de los alimentos tras varios procesos intermedios en la capacidad de mantener los procesos metabólicos y fisiológicos que caracterizan la vida.

Muestra gráfica de lo que supone el estrés oxidativo en dos alimentos cotidianos: un tomate y un huevo.

Célula normal — Célula atacada por radicales libres — Célula con estrés oxidativo

Estrés oxidativo. La paradoja vital

Paradójicamente, algunos oxidantes intervienen en funciones celulares que son fundamentales en el desarrollo embrionario de organismos pluricelulares como los animales, así es que el estrés oxidativo posibilita la existencia de los organismos multicelulares, incluidos los seres humanos. La vida y la renovación de los individuos, la sustitución de unos por otros, están indisolublemente unidas, esto garantiza su mejora constante.

La presencia del oxígeno optimiza la extracción de la energía contenida en los alimentos y, al mismo tiempo, produce algunas moléculas que son responsables del estrés oxidativo que sufren las células. Aunque los diferentes mecanismos antioxidantes que se fueron desarrollando ralentizan este efecto. El oxígeno y sus compuestos son tan cruciales en los fenómenos vitales, que se ha encontrado una correlación entre el incremento del oxígeno atmosférico y la evolución de los organismos pluricelulares (hongos, plantas y animales).

CONTRADICTORIO. No podríamos vivir sin el oxígeno que al mismo tiempo nos hace envejecer y morir

57 ¿Cómo detectar el magnetismo?

Satélites y campo magnético

Vivimos arropados por una capa envolvente, el campo magnético, que rodea la Tierra para protegerla de la radiación.

Su presencia es tan importante que, si no existiera, seguramente no habría podido desarrollarse ninguna forma de vida, al menos de tipo conocido. Este campo (que es algo similar al de un imán tipo barra), se origina casi en su totalidad en el interior de nuestro planeta a unos 3.000 km de profundidad (el radio terrestre es algo más del doble de esta medida: 6.350 km en el Ecuador) y posiblemente se debe al movimiento de la masa del hierro fundido que se halla a esta profundidad.

Una parte pequeña del campo se origina debido a las corrientes eléctricas en la región superficial del planeta, la atmósfera y las rocas magnéticas de la superficie terrestre, que es la zona rígida externa, que los geólogos identifican como la corteza y el manto superior.

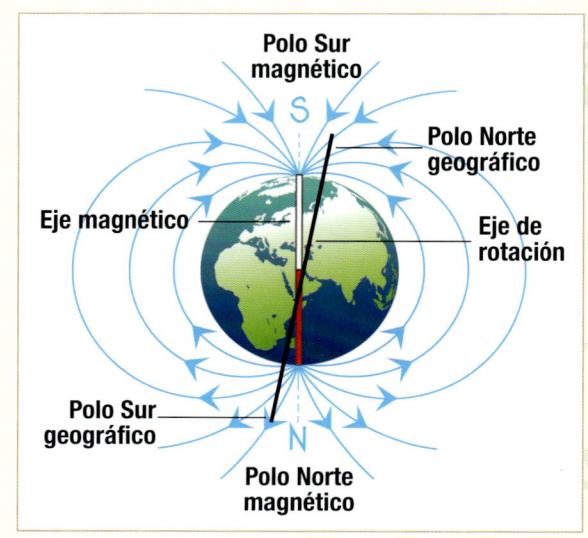

Ilustración que muestra el desplazamiento del polo magnético de la Tierra.

Los satélites Swarm dan información de los procesos internos de la Tierra

La observación desde el espacio ayuda a conocer mejor el planeta. Así, la Agencia Espacial Europea (ESA), con la ayuda de la familia de los tres satélites Swarm, que entre otras cosas observan pequeños detalles del campo magnético terrestre difíciles de detectar, son importantes para conocer la historia del magnetismo en el planeta y fundamentales para entender su evolución futura. Desde el espacio no es fácil detectar señales magnéticas originadas en la litosfera, que en general suelen ser bastante débiles, pero tras tres años de recopilación de datos se han cartografiado bastante bien y se ha hecho un mapa completo. Información aportada previamente por otros satélites, junto con el estudio de la propia corteza terrestre y la modelización han servido para realizar un trabajo muy completo en esta materia.

La evolución geológica del planeta

Es interesante saber que el campo magnético varía constantemente, y las brújulas en el largo plazo, al seguir el norte magnético, indicarían el nuevo norte (sur actual); en otras palabras, la polaridad del gran imán que es la Tierra cambia y ha cambiado en el curso de su historia. Es decir, el polo magnético se mueve unos kilómetros todos los años.

Otro ejemplo de la variación magnética es el vulcanismo marino: en el fondo del mar, cuando los minerales ricos en hierro se enfrían, se orientan hacia el polo norte magnético, y sirven de fotografía del campo magnético en el momento en que se solidificaron estos minerales. Como los polos magnéticos se van alternando, se puede hacer un mapa histórico del magnetismo terrestre.

> # SATÉLITES. A través de ellos podemos saber cómo actúa el núcleo de la Tierra y cómo es la magnetización litosférica

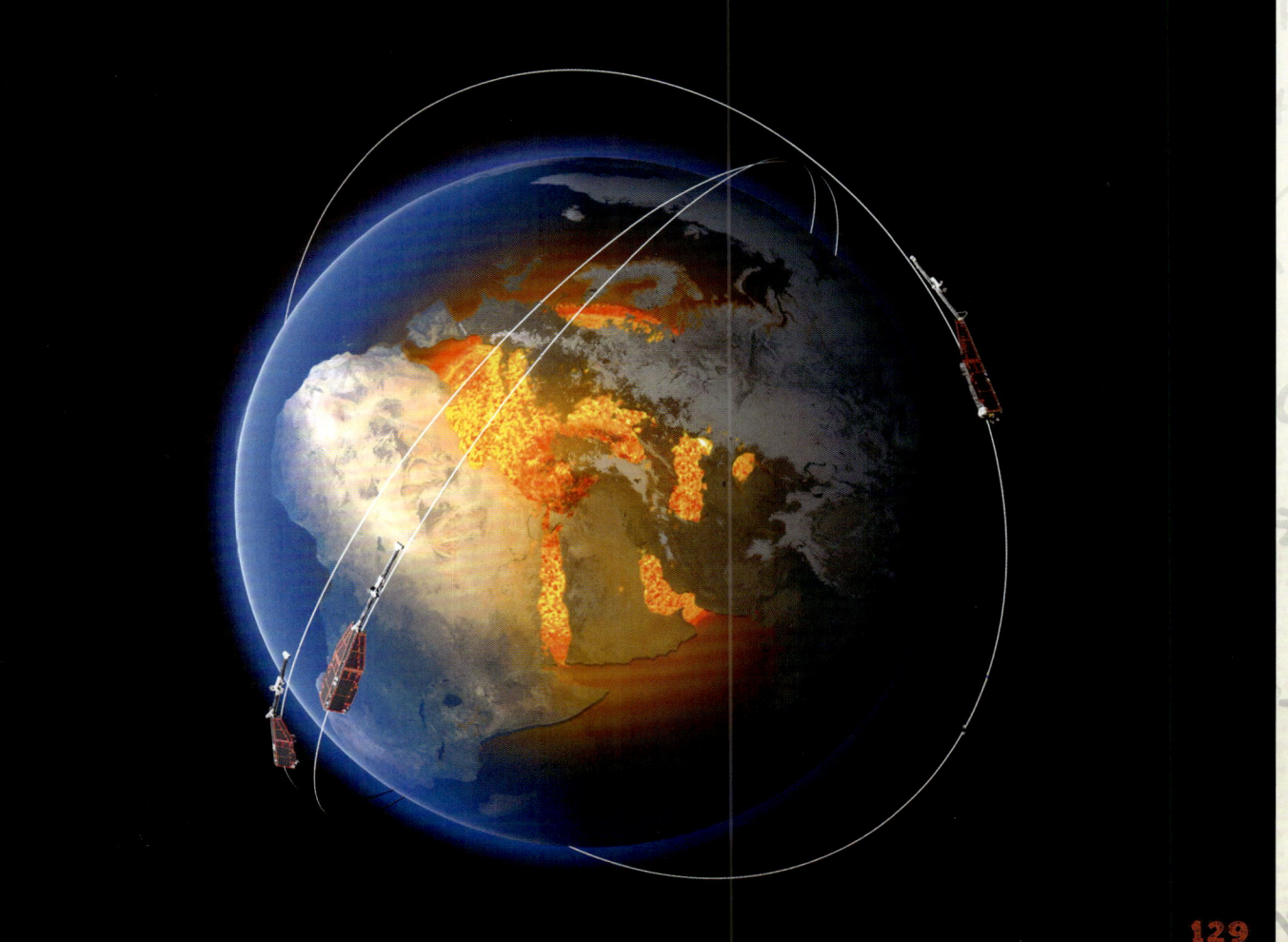

58 ¿Un laboratorio en el ordenador?
Simulación experimental

Cuando un experimento es difícil, e incluso imposible de realizar, o demasiado costoso en el mundo real o en los laboratorios, los científicos lo realizan con ayuda de los computadores.

Algunos experimentos imposibles se convierten en posibles mediante la simulación computacional. Pero también se simulan asuntos de la vida cotidiana; por ejemplo, la evolución de incendios en los bosques, según las condiciones climatológicas, de especies y en general ambientales, lo cual sirve, tanto para procurar prevención, como para adelantarse a los frentes del incendio y poder atajarlos con mayor eficacia. Se simulan instrumentos musicales imposibles de construir, por ejemplo pianos con longitudes de cuerda enorme y otros instrumentos reales de tamaños desproporcionados, y se producen sonidos de una calidad que no distinguiríamos de sonidos originados por instrumentos construidos en el mundo real. Se simulan experimentos químicos con laboratorios al completo…

El laboratorio virtual es más barato y sencillo, y casi igual de fiable

Un experimento simulado, en general, es un trabajo realizado en un sistema físico (el ordenador) distinto del sistema físico del cual se precisa hallar la información y el conocimiento que esperamos nos proporcione dicho experimento. Por diferentes razones asociadas a las limitaciones técnicas y/o humanas, estos trabajos de laboratorio virtual son más sencillos de efectuar que un experimento real y la eficacia y el valor de sus resultados son pasmosamente buenos. Ejemplos fantásticos de experimentos simulados los hallamos en astronomía, en física de nuevos materiales y nuevos estados de la materia y en física de partículas. Es decir, en las físicas con dimensiones muy grandes o muy diminutas en relación con las dimensiones y la escala humana.

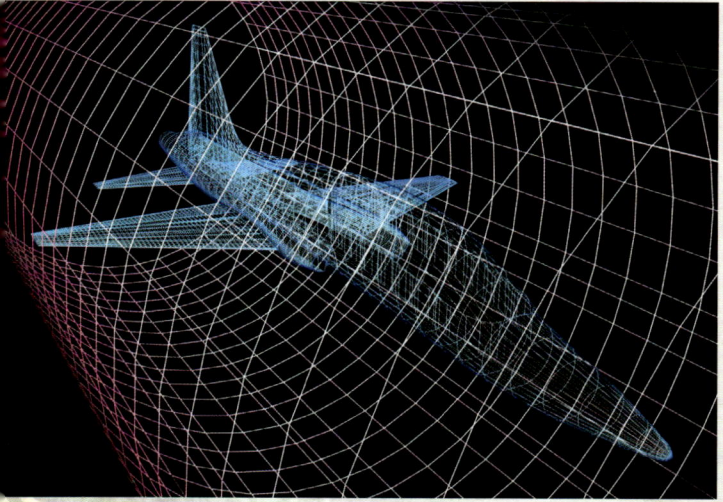

Simulación de un modelo de aeronave que se analiza en un túnel de viento para efectos aerodinámicos sobre su estructura.

¡Observaciones astronómicas simuladas!

La combinación de la información que proporcionan los grandes telescopios orbitales (también los más potentes telescopios terrestres) con los métodos de cálculo y de puesta a prueba de los modelos matemático-astronómicos y computacionales permite realizar observaciones «no observadas» en la escala cosmológica, que es la escala física de mayor tamaño de la naturaleza.

Mediante el cálculo computacional, las fotografías astronómicas, y otras informaciones científico-técnicas se consiguen desarrollar programas computacionales con el fin de simular observaciones en el ordenador; por ejemplo, choques de galaxias con una precisión asombrosa. Estas colisiones intergalácticas que nos muestran los ordenadores pueden cotejarse con los resultados esperados por las teorías en vigor mediante la realización de mediciones indirectas. A veces confirman las predicciones, pero en ocasiones las refutan o incluso en otros momentos sirven para realizar avances en formas de nuevas preguntas o resolver nuevos problemas.

 # SIMULAR TRAYECTORIAS. Es posible saber cómo serán las órbitas de los planetas del Sistema Solar dentro de millones de años

59 ¿Meteorología o clima?

Dudas con la nomenclatura

En muchas situaciones de la vida cotidiana a veces se produce cierto grado de confusión entre las expresiones "meteorología" y "clima".

Aristóteles es el titular de la invención de la primera de las dos palabras aproximadamente en el 340 a. C., cuando la empleó como título en uno de sus libros en el que trataba sobre fenómenos atmosféricos y celestes. Conviene saber que la voz *meteoro* alude a todos los fenómenos que se observan en el cielo; es decir, los situados entre la atmósfera y las «estrellas fijas», y la parte final de la palabra *logos* significa «estudio» o «tratado». Posteriormente, con el uso continuado el sustantivo «meteorología» se ha ido configurando el significado del conjunto de condiciones atmosféricas (o lo que los científicos llaman «estado del sistema»). Por ejemplo se tienen valores de magnitudes como temperatura, velocidad y dirección del viento, precipitaciones, humedad, etc., observadas en un instante preciso y en una localidad determinada.

En el lenguaje coloquial parecen sinónimos. Aprendamos a expresarnos con exactitud científica

La palabra «clima», por otra parte, también es griega y significa «inclinación» o «tendencia». En su origen alude a la inclinación de los rayos solares respecto de la vertical, y por extrapolación, a los efectos de este fenómeno sobre la temperatu-

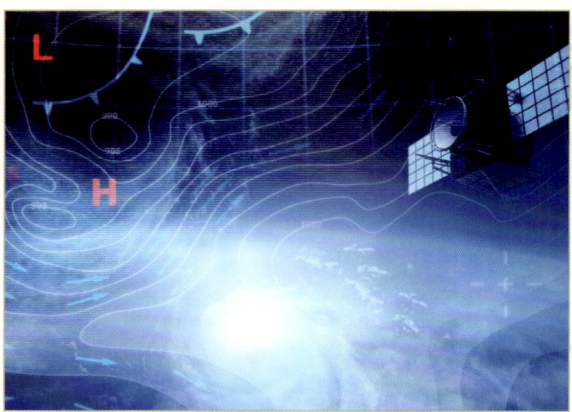

En poco más de un siglo, se han puesto a nuestra disposición series de observaciones que permiten la reconstrucción del clima.

ra. En nuestros días, el estudio del clima se elabora con el auxilio de la estadística aplicada sobre el tiempo meteorológico observado en una región bien delimitada y refiriéndose a un intervalo de tiempo en el que se consideran los ciclos que más claramente caracterizan las variaciones de tiempo meteorológico.

La normativa de la organización meteorológica mundial se concentra en intervalos de tiempo formado de periodos de 30 años, que representa una compromiso entre la investigación del largo plazo, y que simultáneamente tienda a promediar las fluctuaciones en la medida de lo posible.

Una diferencia clave entre meteorología y clima

En las conversaciones sobre meteorología y clima, a menudo se afirma que el objeto de estudio de las dos disciplinas es el mismo: la atmósfera terrestre. Lo que distingue las dos disciplinas son los periodos de tiempo que abarcan o, expresado con más precisión, las escalas temporales diferencian ambas disciplinas.

Esta afirmación y la concepción subyacente es parcialmente cierta. Precisando, el tiempo meteorológico depende de las características actuales de la atmósfera (temperatura, humedad, viento, etc.), algunas de las cuales, al menos teóricamente, son constantes (o casi) en el corto plazo, que es el de la previsión meteorológica, y dura unos pocos días. Mientras que el clima depende también de factores externos a la Tierra, así como de la deriva de los continentes, la circulación oceánica, la variación del estado de la superficie terrestre, la composición de la atmósfera, etc., condiciones que se modifican en el curso del tiempo, en los periodos considerados.

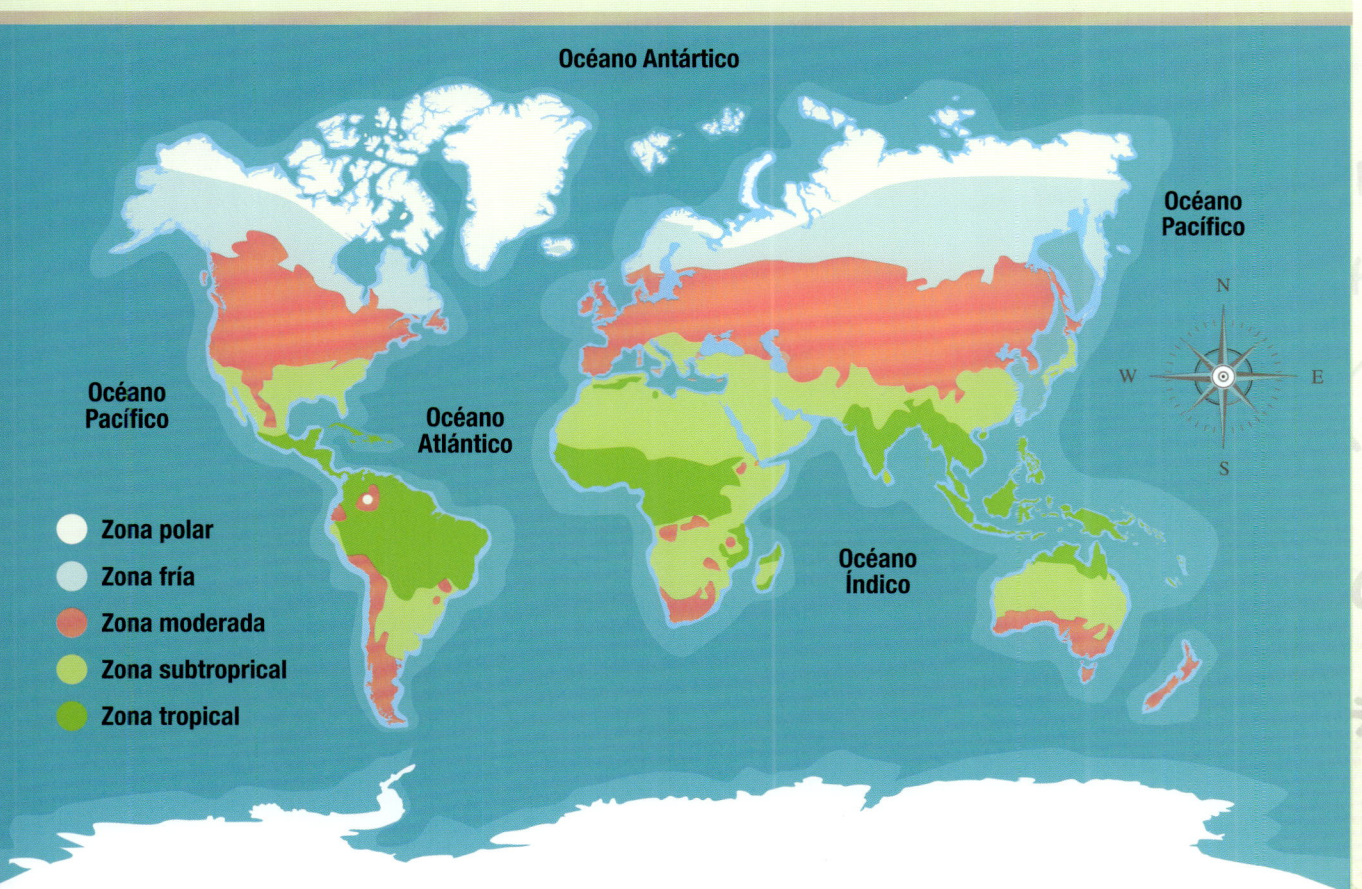

DIFERENCIAS. Entre meteorología y clima, la diferencia es temporal; el corto o largo plazo puede definir a una y otra

60 Titán e Hiperión
Acompañantes de Saturno

Saturno es un de los planetas gigantes más apreciados y queridos por todos los terrícolas, por la belleza misteriosa de sus anillos y el gran número de satélites que viajan con él.

Titán no solo es la única luna conocida con una atmósfera, sino que además de la Tierra, es el único cuerpo del Sistema Solar que tiene superficie líquida estable. Su atmósfera está formada por una mezcla de nitrógeno y nubes de metano y etano y su tempestuoso clima conlleva vientos, lluvias y otros fenómenos similares a los que encontramos en nuestro planeta y con los que estamos familiarizados, y además en su superficie se observan eventos como dunas y costas, y esta fantástica luna está condicionada por efectos meteorológicos estacionales. Es decir, que desarrolla una dinámica similar a la de nuestro planeta, aunque contiene algunas sustancias no demasiado saludables como, por ejemplo, el gas metano.

Desde el punto de vista de la mecánica, hay que señalar la relación de estabilidad del tipo resonancia orbital (que quiere decir que es una relación gravitatoria estable), que le mantiene en equilibrio con el pequeño Hiperión.

Hiperión es la pequeña e irregular (no esférica) luna de Saturno que resulta un caso muy bonito de movimiento caótico. La orientación de su eje de rotación es impredecible. La sonda Voyager, en 1984, visitó este satélite y detectó el primer caso de comportamiento caótico en el Sistema Solar. La dinámica de este cuerpo se puede asimilar a la de un péndulo perturbado, pero cerca de la resonancia. Una imagen para ilustrar la idea es la de un columpio fuera de control, ¿quién en la niñez no se llevó alguna vez un pequeño susto cuando sufrió algún balanceo irregular?, esto es debido a que se producen giros, enredos, torceduras o colisiones con algún objeto lateral o con un vecino de columpio.

Titán, tan grande, e Hiperión, tan pequeño, son complementarios en su resonancia orbital

La pintoresca resonancia orbital entre Titán e Hiperión ejerce un efecto protector sobre Hiperión y lo estabiliza; si no, estaría condenado a un final catastrófico: como un columpio descontrolado, sería expulsado del sistema y sometido a colisiones, algo que no es infrecuente.

Vista de Hiperión, el irregular satélite de Saturno que se encuentra en resonancia orbital con Titán.

¿Por qué es Hiperión tan irregular?

Hiperión, que es pequeño con relación a Titán (para hacernos a la idea, Titán es mayor que Mercurio), es seguramente uno de los satélites irregulares más grandes del Sistema Solar. Su extraña apariencia le hace parecerse a una esponja de roca con una rotación caótica.

Posiblemente, su morfología irregular se debe a que es un fragmento de un objeto mayor que se rompió debido a un impacto ocurrido en el pasado. Su densidad es muy baja, quizá porque está lleno de cavidades o huecos internos, y eso probablemente significa también que está formado de gran cantidad de hielo de agua y en realidad, pequeñas cantidades de roca. Hiperión, además de su resonancia con Titán (una resonancia de 4:3; es decir, por cada 3 vueltas que da Hiperión a Saturno, Titán da 4), también está en resonancia spin-órbita con Japeto, con el cual Titán está en relación de resonancia orbital.

 # AMIGO ESPACIAL. Titán es el protector de Hiperión, que sin su gran amigo de viaje se vería abocado a la destrucción

61 ¿Qué es Trappist?

Exoplanetas

Esta pequeña historia empieza con el telescopio "The Transiting Planets and Planetesimals Small Telescope", acortado con el acrónimo: Trappist.

El significado es «pequeño telescopio para estudiar el tránsito de planetas y planetesimales», un nombre largo que no es más que una descripción de sus funciones. Pues bien, en 2016 un grupo de astrónomos que se encontraban estudiando una estrella enana ultra fría, la Trappist-1 h, realizaron un hallazgo fantástico: tres planetas orbitando la enana; es decir, todo un sistema planetario.

Desde los primeros hallazgos, otros telescopios importantes, como el Spitzer Space Telescope, con el soporte de telescopios terrestres de la ESO como el VLT Very Large Telescope, confirmaron posteriores descubrimientos adicionales, y en total nos proporcionaron el fantástico hallazgo de siete planetas orbitando dicha estrella. Los planetas alrededor de la enana Trappist-1 son de tamaño similar a los planetas terrestres, y se hallan situados a 40 años luz de nuestro planeta, que es una posición relativamente cercana.

Para los más aficionados a la astronomía antigua, la Trappist se halla en la constelación de Acuario

Observando la zona habitable se han encontrado tres de los siete, que podrían albergar océanos de agua porque parecen tener regiones donde las temperaturas de la superficie del planeta lo permiten. El agua líquida es un ingrediente esencial para la vida. Inicialmente, todos pueden parecer muy próximos en tamaño, y han recibido los nombres de Trappist -1b, c, d, e, f, g y h, según un orden creciente de distancia. Para detectarlos, los astrónomos observaron los cambios de la emisión de luz de la estrella que se originan por cada uno de los planetas que hay entre ella y nuestro punto de observación, este paso de un planeta entre la estrella que orbita y nuestros curiosos telescopios se denomina tránsito. Los astrónomos belgas que encontraron este sistema planetario estaban sorprendidos de encontrar tantos planetas similares al nuestro en tamaño y temperatura con todas sus posibilidades.

En términos de tamaño estelar, la Trappist-1 es muy pequeña; solo es un poco mayor que Júpiter. La Trappist tiene una ubicación en el cielo identificable, pero no con un telescopio de astrónomo aficionado.

La ilustración muestra el sistema planetario Trappist-1 a través de observaciones de los telescopios Spitzer y Trappist.

El emocionante trabajo del descubridor

Uno de los investigadores que ha efectuado el descubrimiento nos recuerda que las estrellas enanas son mucho más frías que el Sol y por tanto los potenciales planetas que alberguen vida tendrían que estar más cerca de la estrella que la Tierra, hecho que se ha observado en el sistema de Trappist-1. Como estos planetas son similares más o menos a Venus y la Tierra o quizá algo menores, las mediciones efectuadas sobre su densidad sugieren que casi con toda seguridad los seis planetas más internos son rocosos, como nuestra casa. ¡Esta fiesta solo acaba de empezar!

¿OTRO MUNDO? Conocer un sistema similar al nuestro abre todo tipo de perspectivas

62 ¿Qué es la teoría de juegos?

Jugar, un asunto científico

¿Hay algo de científico en el hecho de jugar? Pues sí. La teoría de juegos es uno de los avances de la matemática del siglo XX.

Tiene interés para comprender ciertas estructuras subyacentes en actividades mentales similares a las que se producen en ciertos juegos y utilidad práctica en economía, en los progresos de algunas de las ramas de la matemática del caos, y en disciplinas afines. Las herramientas de pensamiento y trabajo que la teoría de juegos proporciona amplían, de este modo, su campo de acción a otras áreas de conocimiento científico.

es decir, excluyendo las decisiones instintivas, o las que se toman por motivaciones variopintas. La teoría de la decisión analiza instrumentos matemáticos, como la teoría de probabilidades y otras para tomar las decisiones óptimas.

Casi todos los hechos cotidianos pueden estudiarse con matemáticas

Veamos qué es un juego desde la mirada analítica-clasificatoria de las matemáticas. Lo inmediato casi es darse cuenta de que hay muchos tipos de juegos entre dos contrincantes (dos individuos, persona y máquina, dos equipos, etc.). Fijémonos en los juegos combinatorios fáciles de entender, pero difíciles en la práctica por la gran cantidad de opciones que presentan; dado que, además, los casos posibles se multiplican en cada jugada. En estos juegos toda la información está disponible desde el principio y no interviene el azar. Por ejemplo, en los juegos de tablero, como el ajedrez.

Los juegos de baraja, como el póker, en los que cada jugador solo conoce la información de su mano, no son combinatorios, los jugadores no tienen toda la información. Los juegos que dependen del lanzamiento de dados para alcanzar posiciones tampoco son combinatorios por razones análogas de incompletitud y porque interviene el azar.

La teoría de las probabilidades, muy habitual en cualquier tipo de juego, es un instrumento matemático para analizar la realidad.

La teoría de juegos forma parte de la teoría de la decisión, que es un estudio de la manera de comprender el mundo, y el arte de formular preguntas;

Los juegos de suma cero

Algunos de los estudios matemáticos y los teoremas desarrollados basados en el estudio de los juegos combinatorios son útiles en campos afines. Sin embargo, algunos de estos teoremas importantes que enseñan cuál es una posición ganadora de antemano, no muestran cómo conseguirla. Estos teoremas nos definen posiciones perdedoras y posiciones ganadoras. En estos juegos, a partir del resultado final se puede seguir un razonamiento hacia atrás hasta encontrar la posición ganadora o la posición perdedora de un determinado jugador.

Un caso particular interesante. Inicialmente pensamos en un juego de dos contrincantes: individuos, equipos, dos empresas en competencia. En ellos, uno de los dos gana todo y el otro lo pierde todo. No hay otra posibilidad. Las reglas de juego están determinadas previamente. Desde el punto de vista de los participantes, es crucial quién empieza y la estrategia que utiliza.

EN TODAS PARTES. La ciencia se esconde detrás de todo, incluso de lo que parece casual y divertido, como jugar

63 ¿Cómo fotografiar el espacio?

El telescopio Hubble

El telescopio espacial Hubble, nuestro "mejor reportero gráfico", en órbita desde 1990 más allá de la atmósfera, evita las distorsiones de la luz.

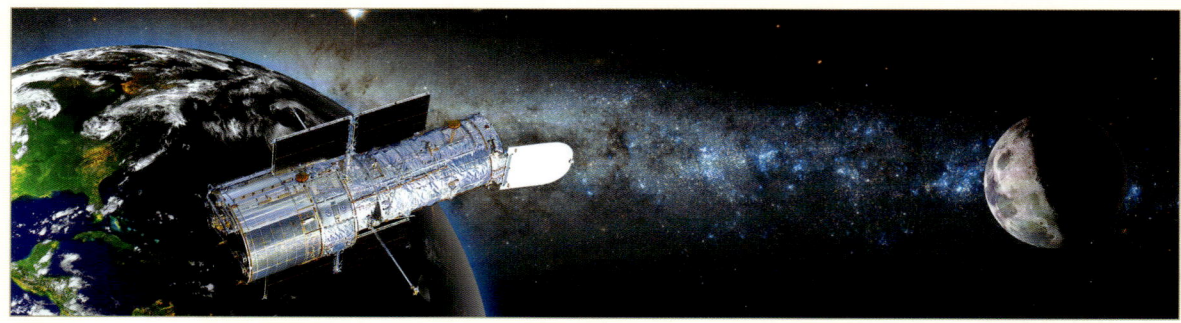

Vista del telescopio espacial Hubble entre la Tierra y la Luna, en su órbita circular habitual exterior a la atmósfera, a 593 km sobre el nivel del mar.

Esta fantástica máquina se bautizó con el nombre del astrónomo Edwin Hubble (1889-1953). Algunas de las fotografías que ha divulgado la agencia espacial estadounidense (NASA) realizadas con este observatorio orbital son célebres por su belleza, o por la hermosura que nos muestran. Mediante la información visual que proporciona el ojo del telescopio Hubble, junto con la que se obtiene por diversos medios, otros tipos de telescopios, dispositivos y detectores, obtenemos los análisis y estudios de todo el material disponible por los científicos.

Edwin Hubble estudió lo que se denomina técnicamente el corrimiento hacia el rojo de la luz (efecto Doppler) emitida por las galaxias y de este modo confirmó la expansión del universo. Este hecho se debe a que la luz roja es la que nos llega de más lejos. Hubble hizo otros trabajos que abarcan diversos campos de la astronomía y la cosmología muy importantes para entender el universo. Hacia 1930 había observado que la distribución de las galaxias no es aleatoria, sino que sigue unas pautas.

La ley de Hubble es el paradigma de la expansión del universo

Cincuenta años más tarde se realizaron los primeros mapas galácticos tridimensionales. Mediante esta modalidad cartográfica, que añade una dimensión a los mapas, se puede efectuar la localización en la esfera celeste, y estos mapas proporcionan información sobre la distancia intergaláctica tridimensional medida con el auxilio del desplazamiento al rojo de las galaxias por el efecto Doppler.

Los fractales galácticos

La imagen visual que proporcionan los mapas tridimensionales de la macroestructura galáctica forma una especie de telaraña cósmica con una textura consistente en grandes filamentos, cúmulos, supercúmulos galácticos, y una suerte de paredes que delimitan regiones que no contienen materia luminosa. Esta red se puede caracterizar a escalas no muy grandes por su estructura fractal.

Por una parte, se ha comprobado que a pequeña escala la distribución de galaxias es fractal, pero a medida que la escala crece se produce una transición a una distribución espacial más homogénea. ¿Cómo es la frontera? Inicialmente, en la estructura fractal no se observan indicios de rotura, y los datos observacionales indican que la transición gradual a la distribución homogénea de la materia luminosa se empieza a detectar a partir de escalas del orden de 200 millones de años luz. O, dicho de otro modo, la estructura fractal se produce a pequeñas escalas, pero a escalas mayores se pierde, y se ha comprobado la existencia de un máximo local, lo que los expertos denominan el «pico acústico» a escalas de 500 millones de años-luz, que funciona bien y encaja con las teorías vigentes de formación de estructura cósmica.

> # LA RAZÓN. Está más allá de la atmósfera porque esta absorbe ciertas longitudes de onda y empeora la calidad de las imágenes

64 ¿Medicina e informática unidas?

Una pareja bien avenida

La informática es un recurso que se ha adaptado muy bien a la medicina, en una doble vertiente para la investigación y para la práctica clínica.

En la investigación básica de todas las ciencias de la vida en general, pero muy especialmente en medicina, las herramientas que proporciona la informática ayudan a estudiar aspectos de las funciones biológicas y a comprender mediante simulaciones el funcionamiento de los seres vivos, como los de una compleja máquina.

En no pocas ocasiones, informaciones obtenidas mediante la aplicación de la informática conllevan implicaciones en la velocidad en la investigación dirigida al análisis de enfermedades humanas para poder comprenderlas, controlarlas o incluso vencerlas. Un asunto típico es el estudio del riesgo genético para que se produzcan determinadas enfermedades; de este modo, los investigadores identifican los mejores parámetros para construir nuevos fármacos.

La informática pone a disposición de los investigadores en biología médica la historia de la evolución humana del genoma. Otro método en que la informática ayuda es en el de la analogía. Por ejemplo, en biología se hacen estudios comparativos de estructuras anatómicas similares entre animales diferentes, estas estructuras suelen desempeñar generalmente una función análoga, en virtud de su origen común.

La bioinformática se pone al servicio de la salud

Como paralelismo, podemos situar los huesos de la mano humana, que al ser observados, presentan bastante parecido a los de las extremidades de otros animales, y no nos referimos solo a primates, sino también a pájaros o animales marinos como los grandes mamíferos. Pues bien, una analogía similar se puede encontrar entre genes de animales muy diferentes entre sí, que a veces desempeñan funciones similares en los diferentes organismos.

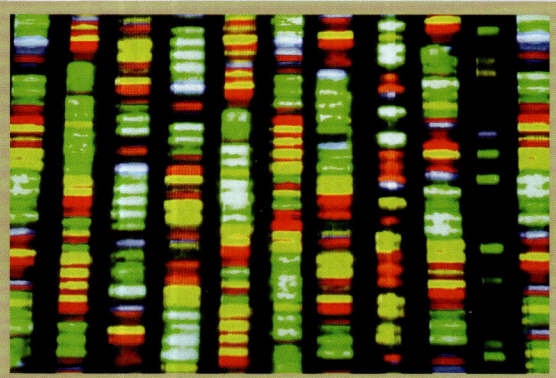

El mejor ejemplo para entender la interrelación entre medicina e informática es el estudio de la secuencia de ADN por ordenador.

Herramientas computacionales en medicina

La computación posibilita el uso de herramientas, que en los estudios biológicos clásicos no se utilizan, por ejemplo métodos estadísticos para poner límites útiles en el porcentaje de genes que realizan funciones similares (homólogos). Se suele pensar que esta analogía tiene un origen común en todos los organismos. Para comprobarlo, los científicos construyen árboles genealógicos buscando los genes análogos (homólogos) a un gen concreto en todas las especies y se analizan las diferencias. Si los genes tienen un origen común, es probable que sean más similares entre organismos evolutivamente semejantes; por ejemplo, los genes que están presentes en algunas proteínas sanguíneas son más parecidos entre chimpancés y seres humanos que entre estos y escarabajos. Existe un software especial que calcula con precisión la semejanza entre distintas secuencias genéticas. Una aplicación práctica para la salud humana en la vida cotidiana es el estudio de la evolución de las cepas virales: se estudian comparando varias cepas y tratando de aislar tendencias para ver la evolución en el futuro.

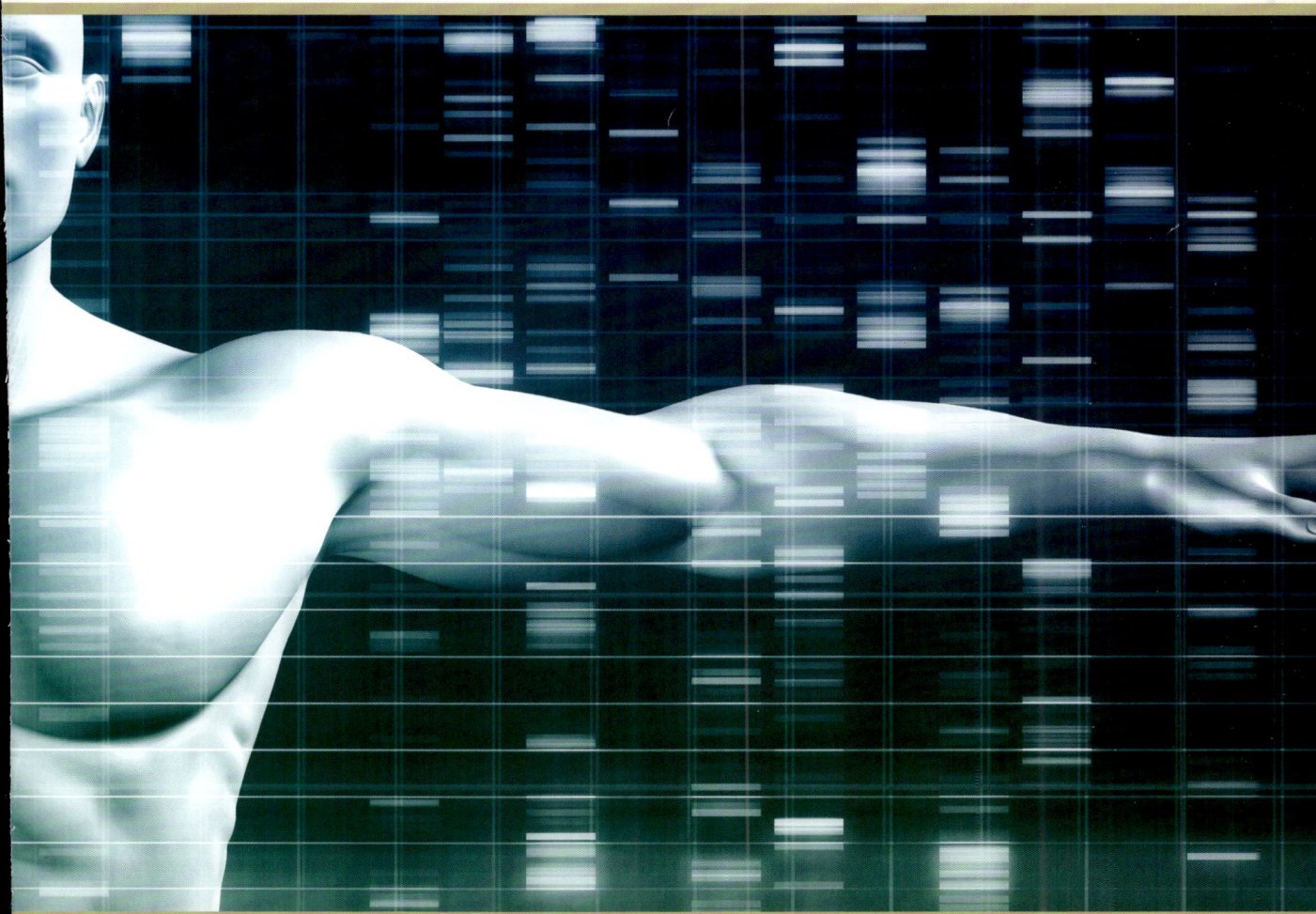

 # HERRAMIENTAS ESTADÍSTICAS. Son de gran utilidad para estudiar la prevalencia y evolución de una enfermedad

Términos usuales

ADN. O ácido desoxirribonucleico. Molécula que codifica la información genética.

Bioinformática. Aplicación de tecnología computacional en el estudio de la biología.

Calentamiento global. Unido al concepto de cambio climático. Aumento de la temperatura de la Tierra a causa de la contaminación atmosférica por la quema de combustibles fósiles.

Cinturón de Asteroides. Región espacial comprendida entre las órbitas de Marte y Júpiter que alberga multitud de objetos celestes.

Combustible fósil. Productos como el carbón, el petróleo o el gas natural, que se han formado durante millones de años gracias a la biomasa y que se utilizan como combustibles contaminantes y no renovables.

Criptografía. Técnica que, gracias a un cifrado secreto, protege documentos y datos.

Cyborg. Organismo cibernético o personas que poseen *gadgets* en su cuerpo, que les hacen mitad humanos y mitad máquinas.

Domótica. Sistema o conjunto de tecnologías que automatizan de forma inteligente una vivienda.

Ecosistema. Conjunto de seres vivos y el medio físico en el que habitan y las relaciones que se establecen entre ellos.

Electrón. Partícula subatómica con una carga eléctrica elemental negativa.

ESA (Agencia Espacial Europea). Organización dedicada a la exploración espacial en la que participan 22 países europeos.

Etología. Ciencia que estudia el comportamiento de los animales.

Exoplanetas. Planetas que se encuentran ubicados fuera del Sistema Solar.

Extremófilo. Microorganismo capaz de vivir en condiciones ambientales extremas.

Fotosíntesis. Proceso por el cual las plantas transforman la energía de la luz del Sol en energía química.

Fusión. Proceso por el cual se produce un cambio de estado de un sólido a un líquido por acción del calor.

GPS *(Global Positioning System).* Sistema capaz de determinar la posición de un objeto en la Tierra con gran precisión a través de satélites.

Internet de las cosas (IoT). Digitalización del mundo físico en el que los objetos y las personas forman una red interconectada.

ISS (Estación Espacial Internacional). Centro de investigación permanente en el espacio en el que rotan sus servicios astronautas de cinco agencias: la norteamericana NASA, la rusa FKA, la japonesa JAXA, la canadiense CSA y la europea ESA.

Ley de Gravitación Universal. Ley física enunciada por Newton que establece la fuerza con la que se atraen dos cuerpos por el hecho de tener masa.

Magnetismo. Fenómeno físico según el cual los objetos ejercen fuerzas de atracción o repulsión sobre otros materiales.

NASA *(National Aeronautics and Space Administration).* Agencia estadounidense encargada de la investigación aeronáutica y aeroespacial.

Neutrino. Partículas subatómicas que se mueven casi a la velocidad de la luz.

Neutrón. Partícula subatómica contenida en el núcleo atómico que no tiene carga eléctrica neta.

Órbita. Trayectoria que recorre un cuerpo en el espacio a causa de la acción gravitatoria que ejercen los astros.

Protón. Partícula subatómica con una carga eléctrica elemental positiva.

Satélite artificial. Objeto enviado al espacio para orbitar cuerpos celestes y recoger información sobre ellos.

Smart City. Ciudad inteligente que aplica nuevas tecnologías para hacerla más cómoda, eficiente y sostenible.

Sublimación. Proceso por el cual se produce un cambio de estado de un sólido a un gaseoso, sin pasar antes por el estado líquido.

Teoría de juegos. Área de las matemáticas que usa modelos para estudiar la toma de decisiones e interacciones. Muy útil en economía.